感恩的奇迹

[美] M. J. 瑞安（M. J. Ryan）◎著

张 淼 ◎译

Attitudes of Gratitude

中国科学技术出版社

·北 京·

北京市版权局著作权合同登记　图字：01-2023-1905

图书在版编目（ＣＩＰ）数据

感恩的奇迹 / （美）M. J. 瑞安（M. J. Ryan）著 ; 张淼译 . -- 北京 : 中国科学技术出版社，2024.1（2024.9 重印）
　书名原文 : Attitudes of Gratitude
　ISBN 978-7-5236-0257-7

　Ⅰ . ①感… Ⅱ . ① M… ②张… Ⅲ . ①伦理学－通俗读物 Ⅳ . ① B82-49

中国国家版本馆 CIP 数据核字 (2023) 第 095077 号

执行策划	黄　河　桂　林	
责任编辑	申永刚	
策划编辑	申永刚　方　理	
特约编辑	魏心遥　郎　平	
封面设计	东合社·安宁	
版式设计	翟晓琳　孟雪莹	
责任印制	李晓霖	

出　　版	中国科学技术出版社
发　　行	中国科学技术出版社有限公司发行部
地　　址	北京市海淀区中关村南大街 16 号
邮　　编	100081
发行电话	010-62173865
传　　真	010-62173081
网　　址	http://www.cspbooks.com.cn

开　　本	787mm×1092mm　1/32
字　　数	113 千字
印　　张	8
版　　次	2024 年 1 月第 1 版
印　　次	2024 年 9 月第 2 次印刷
印　　刷	深圳市精彩印联合印务有限公司
书　　号	ISBN 978-7-5236-0257-7/B·150
定　　价	59.80 元

（凡购买本社图书，如有缺页、倒页、脱页者，本社销售中心负责调换）

 Attitudes of Gratitude

心怀感恩，是这世上最好的生活方式，

完全免费又简单得令人难以置信，

可以让我们持续体验到幸福感和满足感。

愿感恩不仅在你的心中流动，

而且从你身上传播到世界的每一个角落。

每天 5 分钟书写感恩
练习爱的能力

停止抱怨、收获幸福的情商课

与其抱怨玫瑰上的刺
不如感激刺丛里长出了玫瑰

本书赞誉
Attitudes of Gratitude

隋双戈
医学博士，中国心理学会注册督导师
欧洲认证 EMDR 创伤治疗督导师

　　常有人问：如何驱除忧虑？如何应对"内卷"？如何让身心更健康、生活更美好？如何简单、快速、免费地获得幸福感和满足感？如何找到人生的意义？

　　答案是，从感恩开始。用餐时，工作时，与亲友相聚或独处中，我常心怀感恩。很多人低估了感恩的力量。研究显示，感恩比戒烟或锻炼的益处更大，能减轻压力和抑郁，有助于带来乐观情绪，让我们拥有更好的社会关系、更强的免疫系统，让人更长寿、更健康、更满足。

　　如何进行感恩？《感恩的奇迹》提供了指引。你无须说服自己相信，所有人都可以自由地改变自己的想法，尝试体验就好。启动感恩，好事儿自然来。

费萼丽

凤凰卫视原资深记者和编导，原上市公司高管

《女性的力量》作者

《感恩的奇迹》冲破了中西方文化的隔阂，揭示了直穿人类共同面临的悲观迷茫的精神迷雾之法：比起周遭人、事的好与坏，更重要的是我们的态度。

本质上，生命成长的差异并不在于我们的人生经历是波澜壮阔还是平淡无奇，在这林林总总的生命历练中，选择如何遗忘和如何记住可能更加重要。了解他人和世界最直接的途径，并非拼出老命走出去，而是踏踏实实走回来，深入内心，走向自己。

允许周遭一切的发生，更允许成为当下的自己。只有感恩已有的一切，才可能创造想要的奇迹。

伊丽莎白·埃斯珀森（Elizabeth Espersen）

世界感恩中心（CWT）执行董事长

感恩是针对精神颓丧最强大的"解毒剂"。这本书中的故事证明了无论政治、经济、文化背景如何，我们都可以练习这种奇妙的方法。

杰拉尔德·G. 扬波尔斯基（Gerald G.Jampolsky）
医学博士，精神病学、健康和教育领域的国际公认权威

《感恩的奇迹》是一场令人精神愉悦的洞察力盛宴。每章开头的引言都很优秀。这些感悟是深刻的，每一句都流淌着爱。这是一本值得细细品读的好书。

马克·尼波（Mark Nepo）
哲学家，诗人，《纽约时报》畅销书《觉醒之旅》
（*The Book of Awakening*）作者

我鼓励你以这本书为起点，开始心怀感恩地浇灌你自己的种子；我鼓励你以这本书为指南，去发现给予和接受对你而言意味着什么；我鼓励你把这本书送给你爱的人，尤其是年轻人，这样他们就可以在建设世界的时候，播撒他们善良的力量。

休·帕顿·托埃尔（Sue Patton Thoele）
《做自己的勇气》（*The Courage to Be Yourself*）作者

《感恩的奇迹》每一章都简洁有力地告诉了我们，为何要专注于真正重要的事情。

珍妮弗·劳登（Jennifer Louden）

《女性的慰藉》（*The Woman's Comfort Book*）作者

我一直在努力用感恩的态度面对生活。这本书出现得正是时候。书里提供了数百种方法，帮助你变得柔软，让你学会放松，并学会如何庆祝和暂停。

保罗·皮尔索尔（Paul Pearsall）博士

美国临床心理学家和教育心理学家

这本鼓舞人心的书向我们展示了该如何为我们所拥有的感到快乐。在过去的几十年里，我一直在不停追逐自己想要的东西，而瑞安证明了，不论我们对未来有多担忧，切身感受并表达感恩能让我们感到欢欣并深深感激自己能活在宝贵的当下。瑞安大方地告诉我们，如果需要"拥有一种态度"，那么我们应该选择感恩的态度。

朱迪·福特（Judy Ford）

《组成一个家庭的奇妙方式》（*Wonderful Ways to Be a Family*）作者

《感恩的奇迹》可以巧妙地让我们与生活中的奇迹和满足重新建立起联系。

大卫 · 冈得斯（David Kundtz）
《生活，该适可而止》（*Stopping*）作者

《感恩的奇迹》是瑞安送给这个世界的一份礼物，她教会我们要永远将感恩与快乐联系在一起。

亚历山德拉 · 斯托达德（Alexandra Stoddard）
《好妈妈知道的事情》（*Things Good Mothers Know*）作者

心怀感恩的本能和享受美好生活的幸福之间有着紧密的联系。《感恩的奇迹》提醒我们，感恩是一种成就，当我们努力进入"欲望 – 大脑"和"精神 – 能量"的发光状态，尽可能让每一天都闪闪发光时，感恩就能创造持久的幸福感。

乔纳森 · 罗宾逊（Jonathan Robinson）
《夫妻沟通的奇迹》（*Communication Miracles for Couples*）作者

练习感恩是最能开发潜力的精神成长方式，也是寻找并感受美妙生活的最快途径。瑞安为我们提供了灵感、方法和触动人心的故事，帮助我们把感恩变成生活中美妙的一部分。真诚和实用的智慧在这本重要的书中闪闪发光。

休·普拉瑟（Hugh Prather）

《写给自己的笔记》（*Notes to Myself*）作者

瑞安懂得人心，懂得如何释放人们内心的力量。《感恩的奇迹》是能够触动我们内心深处，从而真正改变人生的引路书。

感恩，让我们的世界充满善意

哲学家，诗人，癌症幸存者
《纽约时报》畅销书《觉醒之旅》作者

马克·尼波

《感恩的奇迹》首次出版于 1999 年，瑞安在书中通过许多故事告诉了我们感恩的态度是什么样的，以及它是如何让我们保持复原力的。瑞安的真知灼见向我们展示了如何以一种能够改善我们日常生活的方式开始练习感恩。

最重要的是，瑞安拥有这些品质，她是一个善良而睿智的人，是一名不知疲倦的心灵战士。她坚定地提醒着我们，善良、耐心、信任和舒适总是触手可及的。

1997年，当她正在创作本书的时候，我正开始写一本心灵日记，探索着用一种实用的形式写一些重要的东西。我们的一个共同朋友把我的作品介绍给了她。我同时还寄去了我正在构思的这本日记的5个部分的手稿，那时我只构思了这5个部分。瑞安马上就联系了我，她说她想要出版只基于这5个部分的日记，这令我很惊讶！她对这本书的未来充满了憧憬和信心。

她心怀感恩地对我做出了承诺，她满怀期待并给予了我善意的指导，让我有了信心。3年后，我完成了这本日记，科纳里出版社以《觉醒之旅》之名出版了这本书。

我从未忘记瑞安的信任与支持，以及她对能够浇灌《觉醒之旅》这颗种子所怀的感恩之情。这个故事中蕴含了感恩的秘密，瑞安在《感恩的奇迹》一书中也揭示了这个秘密。那就是，对能够浇灌改变我们生活的种子心怀感恩。

《感恩的奇迹》这本书探索了许多方法，可以让我们在平凡的生活中创造奇迹。感恩的核心是给予和接受，就像我们需要呼吸才能生存一样，全身心地给予和接受，正是人类不断前进的动力。

- ⊙ 我鼓励你以这本书为起点，开始心怀感恩地浇灌你自己的种子；
- ⊙ 我鼓励你以这本书为指南，去发现给予和接受对你而言意味着什么；
- ⊙ 我鼓励你把这本书送给你爱的人，尤其是年轻人，这样他们就可以在建设世界的时候，播撒他们善良的力量。

我很感恩能将这本书介绍给读者，也很感恩能成为本书睿智的作者一路浇灌的一颗种子。请打开这本书，在你的身边继续播撒它的种子，通过你的给予、接受和感恩让我们的世界充满善意。

前　言
Attitudes of Gratitude

留意生活中的美好，
就能触摸到感恩的力量

　　我希望，阅读本书能对你们的生活产生深远的影响。"感恩"（gratitude）这个英文单词来源于拉丁语 gratia，它也有优雅、亲切的意思。为了让你体验到"感恩"的力量，我想先讲一个故事。

　　1999 年，我写了这本书。不久之后，我收到一封电子邮件，来自加利福尼亚州南部的一个房地产经纪人戴夫。戴夫创办了一个非营利组织，帮助加利福尼亚州寄养系统中即将年满 18 岁、失去州政府支持的青少年。他们为这些青少年提供了过渡资金、住所和其他支持。他想知道我能不能把这本书打折卖给那些给他的慈善组织捐款的人。我免费送给了他一些，但很快就把这件事忘得一干二净。

有一天，我收到一个包裹。当我打开它时，一块小石头掉了出来，同时还有与石头一起寄来的信。信是戴夫写的，他感谢我送给他的书，并讲述了他帮助过的一个孩子的故事。这个孩子17岁，名叫劳伦。

从8岁起，劳伦曾在12个不同的寄养家庭生活过。搬家时，一个塑料垃圾袋就能装完她所有的物品。戴夫遇到她的时候，她在加利福尼亚州的寄养系统中已经快"超龄"了，当时她没有地方住，没有钱，没有工作。但戴夫说，劳伦是他见过的最幸福的人。为什么这么说呢？因为劳伦告诉戴夫，10岁的时候，曾和她住在一起的简妈妈给了她一块小石头，让她永远把它放在口袋里。每当她感觉到石头的存在时，她就会想起一些值得感恩的事情。从那以后，无论住在哪里，劳伦都会时不时触摸那块石头，心存感恩。

从那天起，每当我说起感恩时，我就会向他人送出一颗小石头。如果可以，我现在也想送给你一颗。我送出小石头是希望帮助你练习一种感恩的态度，也希望每次当你触摸它的时候，能像劳伦那样，因为感恩的魔力而感到一些精神上的振奋。不论你身处在什么样的环境，只要有了这颗小石头，你就每天都能感受到感恩的存在。这就是这本书的意义所在。

简单几个步骤就能大大提升我们的幸福感

1999 年，当我坐下来写这本关于感恩的书时，只有宗教图书对这个主题做过探讨，学者还没有进行任何科学研究。所以我所做的就是深入思考表达感恩为自己和他人带来的影响，并将其写下来。

从那以后，由于积极心理学运动的发展，关于感恩的科学研究出现了爆炸式的增长。普利策奖得主戴维·麦卡洛（David McCullough）、心理学教授罗伯·艾曼斯（Robert Emmons）、流行病学博士大卫·斯诺登（David Snowdon）和其他人的发现证实了我的一些想法。所以你在本书中读到的内容与如今科学证实过的事实是一致的。

我仍然相信感恩是有魔力的。为什么？因为心怀感恩是这世上仅有的一种完全免费、简单得令人难以置信的方式，可以让我们持续体验到幸福感和满足感。这种方法如此简单，以至于许多人似乎仍然低估了它，或者想把它变得更复杂。

我记得几年前我和一位记者用邮件交流过。她反复问我该如何练习感恩。我变换了各种方式回答她，比如"留意你生活中的美好事情"。最后，在她问了四五轮问题后，我回答道："答案就是这样。就是这么简单！不存在什么神奇的方法，你不用把它写下来，也不用想 10 件事，更不用把清单放在你的枕头底下。无论何时何地，当你选择去留意生活中的美好时，你就会体验到感恩之心在生长。因为这太简单了，我们甚至不敢相信它会奏效。"

现在，你不用说服自己相信我的话，研究已经证实了表达感谢对情感和身体的益处。积极心理学之父马丁·塞利格曼（Martin E.P. Seligman）的"反思幸福"（Reflective Happiness）网站进行了一项最有力的研究。在留意生活中的好事一周之后，92% 的人感觉更快乐了，说自己抑郁的人中有 94% 的人感觉没那么抑郁了。这意味着感恩就像抗抑郁药和心理疗法一样有效。我不是在告诉你扔掉药物，而是一定要把这个提升幸福感的简单步骤加入你的日常生活中。在其他研究中，90% 的人发现表达感恩让他们觉得更快乐，84% 的人说这样做感觉压力和抑郁程度有所减轻，而且有助于创造乐观的情绪。

心怀感恩能让我们多活 6.9 年

研究还表明，心怀感恩意味着你将更好地照顾自己。每周写感恩日记的人身体问题更少，会更有规律地锻炼，吃得更好，也会定期体检。似乎当我们认识到我们自己和我们的生命是宝贵的、一生只有一次的机会时，我们就会更好地照顾自己。它也使我们对他人更友善，更慷慨，更不物质主义，更宽容，更能应对压力，更不容易感到痛苦、嫉妒、怨恨或贪婪。总体来看，心怀感恩能让你多活 6.9 年，和其他统计数据对比，这比戒烟或锻炼对身体的益处更大。

这是怎么回事？为什么感恩可以产生如此积极的心理、

身体和精神影响？到目前为止，我们只做出了一个假设，但我相信这是一个强有力的假设。

通过对佛教僧侣大脑的研究，我们开始相信，当我们思考积极的想法，比如感恩、宽容、乐观等时，我们就激活了我们的左前额皮层，让我们的身体充满了会令我们感觉良好的激素，这在短期内会让我们情绪高涨，长期来看会增强我们的免疫系统。

相反地，当我们产生愤怒、担忧、绝望、悲观的想法时，我们就会激活右前额皮层，让我们的身体充满压力激素，进入战斗或逃跑的应激状态，从而抑制我们的情绪和免疫系统。换句话说，我们的身体、心理、精神是沐浴在好的化学物质还是坏的化学物质中，取决于我们的想法。感恩是最强大的积极化学物质创造者之一！

我想不出一个比感恩更想去培养的品质了，尤其是在这个有着诸多困难、挑战与不确定性的时代。愿感恩不仅在你的心中流动，而且从你身上传播到世界的每一个角落。

目 录
Attitudes of Gratitude

第 1 章

感恩当下所经历的一切，
奇迹就会降临

Attitudes of Gratitude

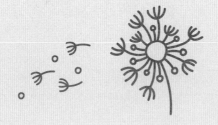

感恩把拥有变成了满足，

把拒绝变成了接受，

把混乱变成了有序，

把困惑变成了清晰……

感恩使我们的过去拥有了意义，

为今天带来了平静，

为明天创造了愿景。

让自己停下来，感恩体验到的每一种感觉，现在，感恩自然而然地涌现。最简单的快乐就是充满活力地过好每一天。

《感恩日记》（*The Gratitude Diaries*）

1
花几分钟回想一下记忆深处
最纯粹的快乐

昨天，我在给本书做最后的润色。中午，我和我的朋友安妮特去了一家中国餐馆吃饭，一起讨论感恩。吃完后，我打开我的幸运饼干，上面写着："别再寻找了，幸福就在你身边。"这句话出现得恰到好处！这就是本书的主题。幸福，活着的纯粹快乐，我们触手可及。

我们所需要的只是一种感恩的态度。感恩创造幸福，因为它会让我们感到充实、完整。感恩是至少此时此刻，我们意识到自己已经拥有了所需要的一切。

俗话说，人们会把他们自己最需要学习的东西教给别人，我和感恩之间的关系就是如此。我写本书不仅是因为我认为感恩对我们的世界至关重要，还因为我想让自己更有意识地心怀感恩。我并没有把自己塑造成一位"专家"，我认为我和大家走在同一条道路上，这条道路上的每个人都在成为自己注定要成为的那个完整的人。

像我们中的许多人一样，我在20多岁到30岁出头期间，花了大量的时间来整理自己曾经受过的伤害和虐待。在心理治疗时，以及和朋友、爱人在一起时，我对我的痛苦是谁引起的、内容是什么，以及发生的地点进行了分析和分类。我是一个坚定的悲观主义者，总是能看到任何事物的阴暗面。我的信念是，生活是艰难的，灾难在每个拐角处若隐若现。即使事情进展顺利，过段时间情况也会变糟。

尽管我的生活困难重重，但我认为自己有责任尽我所能去做好事，成为最好的人。如果说我曾有过感恩的念头，那也只是花了一点时间来感谢生命中那些帮助我感受到爱的人。

渐渐地，我的生活发生了变化。我不是经历了某件事，某个改变人生的时刻，态度突然发生了转变。而是当我慢慢地更加理解我的创伤并开始疗愈它们时，我逐渐注意到我的生活中缺乏积极的情绪。我不再感到那么痛苦、担心、孤独，但我对快乐、幸福、乐观、信心和信任知之甚少，所以我开始研究这些情感。我一直是个好学生——只要给我一些有待研究的东西，我就能找到答案。

我选择了一些似乎天生散发着快乐气息的人作为教授我乐观和快乐的老师。我注意到其中一件事，这些人都有一种深刻的感恩意识，他们身上似乎自然而然就会流露出一股感恩之情。经过进一步的了解，我发现他们每个人的早年生活都和我差不多一样艰难。但我的老师们有意识地选择了某些态度，比如感恩，这让他们获得了巨大的幸福。

就在那时，我明白了，你不必用你在童年早期采取的内心态度来面对接下来的生活。我们所有人都可以自由地改变我们的想法，当我们改变想法时，我们的体验也会发生改变。由此，我踏上了一段心怀感恩、更快乐、更充满希望的旅程。本书就是我的学习成果。

　　我的一些基本假设是：随着时间的推移，我发现，从长远的角度看问题，选择从精神的角度看待生活对我们是有帮助的。我知道，我们存在于这里是为了"抚慰我们的心灵"，治愈我们受过的创伤，或者至少积极地接受这些创伤，并且变得更友爱、更善良、更无畏、更充满希望。随着年龄的增长，我越来越发现培养一种感恩的态度是用一颗开放的心去生活，也就是活在快乐的期待中。

　　感恩不是普通钥匙，它更是一把魔法钥匙，你所需要做的就是使用它，然后世界就会突然变成一个美丽的仙境，邀请你在那里嬉戏。这是因为，和大多数伟大的精神真理一样，感恩是极其简单的。然而，我们在成长过程中受到的各种干扰，形成的困惑和消极态度可能会成为障碍。但你真正需要的就是下定决心去做，奇迹就会降临在你身上。

　　关于感恩，有一个令人难以置信的事实，那就是我们不可能同时感受到感恩的积极情绪和愤怒、恐惧等消极情绪。感恩只会产生积极的情感——爱、同情、快乐和希望等。这怎么可能呢？答案是感恩会帮助我们追踪成功，留意到我们生活中的好事，大脑则自然而然就会追踪成功。如果你曾经看过一个婴儿学习一些东西，你就会明白我的意思。例如，她在学习走路时，会站立起来并伸出一只脚。砰！她跌倒了，因为她没有掌握好平衡。

> 当我们专注于我们所感恩的东西时，恐惧、愤怒和痛苦等负面感觉就会消失，这一切似乎不费吹灰之力。

Attitudes of Gratitude

她不会责备自己搞砸了，不会生气，也不会责怪地板或鞋子，她只是意识到，刚才是因为把脚伸得太远了，所以没成功，然后再试一次。她会不断地尝试，抛弃那些不奏效的方法，不执迷于它们，并采纳正确的方法，直到她学会走路。砰，砰，砰，走；砰，砰，走，走，走！

随着年龄的增长，我们会从自己所犯的错误中学习，学着去关注不顺利的事、我们缺乏和缺失的东西，以及我们的不足和痛苦。这就是感恩如此强大的原因。它能帮助我们回到快乐的自然状态，注意那些好事，而不是坏事。感恩会提醒我们要像植物一样，朝向光，而不是背离光。

我希望你阅读本书时，能找到真正的启发和一些坚定的观点，心怀感恩让生活变得真实而有意义。

> 培养一种感恩的态度是用一颗开放的心去生活，也就是活在快乐的期待中。
>
> —— Attitudes of Gratitude

为了吸引、鼓励和支持你投入阅读，本书的第 2 章是关于"感恩的馈赠"，这一章探讨了当我们开始练习感恩时，我们的生活中会发生什么，以及收获什么样的礼物。如果你还不知道该怎么做，不用担心。第 3 章则讲述了能够改变行动的最关键的"感恩的态度"，帮助你培养感恩之心所需要持有的世界观或立场，你将会感受到你的新态度能创造出怎样的绝妙影响。最后第 4 章是关于"感恩的练习"，讲述了我们可以在日常生活中培养和保持感恩之心的实际方法。

从某种意义上说，这 60 小节中的每一节都是一段冥想。这不是可以一口气读完的书。我鼓励你读完一节后暂停一下，让书里的内容在你心中沉淀一天、两天，甚至一周或更久，然后再读下一节。因为感恩既是一种态度，也是一种练习，你需要时间来整合这些知识，这样它们才能真正融入你的生命，而不会变成你读过，放在一边，然后忘记了的东西。

现在，让我们开始吧，花几分钟时间回想一下你生命中印象最深刻的快乐时刻，一个你始终记得的时刻，它甚至可以发生在 10 年、20 年或 40 年前。再次回想这个时刻：看那周围的场景，听那周围的声音，体会那一刻的感觉。你始终记得的那一刻到底发生了什么？当时你心怀感恩吗？到底发生了什么让你心怀感恩？

对我来说，那一刻是在我 2 岁的时候，几只小猫从我的背上爬下来。我能感觉到它们的小爪子，听到它们轻轻地叫唤，看到灰色的小绒毛。它们的小爪子让我的皮肤感觉到有点扎扎的，这种感觉如此美妙，令人惊奇，直到现在想起还会令我扬起微笑。这是我诞生以来的第一个记忆。这种新鲜感，这"第一次的永恒"让我在那一刻对我还活着心怀感恩，这就是为什么那一刻一直是我生命中最深刻的记忆之一。

本书给我带来了巨大的快乐，因为创作本书就是一种感恩之举，感谢那些在我的一生中无私地教导和激励我的人；感谢那些与我分享想法、故事和方法的人；感谢我的大脑有能力将这些信息整合到一起；也感谢你，我的读者，感谢你有兴趣并愿意进入感恩的世界。

我迄今为止发现的关于感恩最美妙的一点是，它会让你感到满足，充满喜悦，你所需要做的只是记起你曾经获得过这份馈赠。因此，当我们获得某样东西时，我们收到了双重的祝福：一份祝福来自礼物本身；还有一份是在后来想起的时候，感受到获得它真是一个奇迹。

第 2 章

当我们开始理解
感恩的馈赠……

Attitudes of Gratitude

有意识地培养感恩之心，

是一段心灵之旅。

当我们想起过去自己

特别感恩的某个人、某件事，

我们也就获得了感恩的馈赠。

还记得那些时刻的平静与快乐吗？

感恩并不遥远或陌生，

它是我们完整人性中最自然的一部分。

快乐是祈祷，快乐是力量，快乐是一张爱之网，你可以用这张网捕捉灵魂。快乐的人给予他人的最多。

诺贝尔和平奖获得者　特蕾莎修女（Mother Teresa）

2
放下挣扎，在快乐中学习

我的生活中曾经没有太多的快乐，没有许多次敞开心扉，也没有内心的膨胀，而这都是因为我进行的心理训练。

随着年龄的增长，我学会了制订计划和努力工作。我念了大学，找到了一份好工作，收获了一段感情。但这些事情发生的时候，我并不享受其中，也没有庆祝它们的发生。

像许多人一样，我忙于攀登成功的阶梯，没有时间享受旅程本身，一直忙着迎接下一个挑战。我总是回想起过去一些特别的快乐时刻，例如高中成为毕业生代表、结婚、使《随意的善举》（*Random Acts of Kindness*）登上畅销书排行榜。某次我意识到，一旦我实现了目标，目光马上就会转向下一个"奖项"：成为大学班级里的第一名、生一个孩子、登上《纽约时报》畅销书排行榜。

我就好似一台机器，不假思索地取得了各种成就，却从不停下来享受沿途的风景。

从今天开始，向宇宙大声宣告，我愿意放下挣扎，渴望在快乐中学习。

Attitudes of Gratitude

我厌倦了这种不快乐的生活，所以在过去的几年里，我经常思考该如何给自己的生活带来更多的快乐。思考得越多，我就越相信快乐和感恩是密不可分的。

在字典里，快乐的定义是"由幸福、成功、好运或有望拥有想要的东西而唤起的情感"，而感恩的定义是"对获得的好处心存感激"。换句话说，每当我们心存感激时，我们就会充满幸福感，被快乐的感觉所包围。

　　因此，我决定不再盲目地攀登某个未经定义的高峰，而是关注每天发生的美好事情。当我这样做的时候，我甚至还没有开始尝试创造快乐，它就悄然而至。正如感恩运动发起者莎拉·班·布瑞斯纳（Sarah Ban Breathnach）[①] 所说："从今天开始，向宇宙大声宣告，你愿意放下挣扎，渴望在快乐中学习。"然后想想你今天所做的一切，庆祝你取得的所有成绩，不论大小。

①著名女性作家，1995 年出版代表作《简单富足》，被视为感恩运动发起者，由她引导的"简单富足"践行之旅受到千万读者的追随。

智慧永恒不变的标志是在平凡中看到奇迹。

美国文明之父　爱默生（Emerson）

3
泡泡、雪花、泥坑，一切都是礼物

当我们还是孩子时，每天都充满活力与欢乐，渴望拥抱生活的所有神秘和庄严。对孩子来说，一切都是新的，令人兴奋。一个泡泡、一片雪花、一个泥坑，一切都是礼物。但在成长的过程中，有些东西常会令我们失去活力。

我们会逐渐把自己包裹起来，内心变得坚硬，感到精疲力竭。我们失去了快乐、活力和拥抱生活的热情。我们开始跋涉而非跳跃，开始退却而非探索，不论面对什么，都认为"自己的年纪已经不适合去做那件事了"。

这种枯竭的状况是如此的普遍，以至于当遇到一个洋溢着活力与快乐的老人时，我们会觉得他是一个独特的例外。但我们不一定要失去青春的快乐和活力。我们所需要做的就是找到我们的感恩之心，当找到了感恩之心以后，我们就会又像小孩儿一样，仿佛是第一次看到这个世界。

用1分钟时间让自己心静，通过冥想从压力和烦恼中暂时解脱出来，享受平静、感恩和自由。

Attitudes of Gratitude

在《花园的简单乐趣》（*Simple Pleasures of the Garden*）一书中，唐娜·马尔科娃（Dawna Markova）分享了一个故事：

几年前的三月，我走在一条通往海边的砾石路上，一个又老又瘦的女人从车道上蹒跚地向我走来。我挥了挥手，继续向前走，但当我经过她时，她抓住我的胳膊，转过身来，开始把我往她家的方向拉。我觉得她就像一位女巫，想往后退，但她却把我的手腕抓得更紧了。不过，她没有咯咯地笑，所以我心软了。

直到我们走近她的房子，她才开口说了一句话。那是一间木瓦风格的小屋，有着绿色的百叶窗，屋前的草坪上开满了紫色的番红花。走到那里后她放开了我，向空中张开双臂，喊道："看这美丽的景色！这难道不是奇迹吗？！"

这位老妇人对生活的魔力和美敞开了心扉，她善于发现的眼睛和对分享的渴望，使她和周围的一切都更加充满生机和活力。

心灵的阳光将使地球上盛开平和、幸福与繁荣的花朵。

去做一名心灵阳光的创造者吧。

加利福尼亚大学伯克利分校一面墙上的心语

4
注入一剂心灵阳光，
世界和自己都开始闪耀

汤姆来自一个非常成功的商人家庭，他的家人会在他做错事的时候批评他，教导他如何攀登成功的阶梯。他很早就知道，生活是艰辛的，而且这是一个"人吃人的世界"，为了出人头地，他必须避免犯错。汤姆的确做得很成功，他进入顶级商学院学习并获得了工商管理硕士学位，也取得了许多其他的成就，但他一直都不快乐。

工作对于他而言，只是一份苦差。他会花很多时间留意自己做错了什么，也不会在会议上坚持自己的主张，大多数时候，他都有些死气沉沉和沮丧。

最终，汤姆找到一位心理医生，想让他给自己开一些百忧解（一种抗抑郁药）。但如非必要，他真的不想服用抗抑郁药，所以治疗师建议他在接下来的一个月里先尝试一下别的方法。治疗师建议他，在早上开始工作之前，先问自己："我对生活里的什么感到感激？"由此想起自己拥有的资源、优势和才能。在一天结束的时候，再问自己："我今天做了什么事情让我感觉很好？"

"你知道我发现了什么吗？"他对我说，"感恩是一种天然的兴奋剂。这种方法太有效了，现在，每当我感到自己的能量变弱时，我就会问自己，现在我感激什么？"通过专注于自己做对了的事情和对自身的欣赏，汤姆克服了抑郁，并开始期待工作。

感恩会让我们感觉很好，因为它帮助我们拓宽了视野。在感到沮丧或面对压力的时候，我们会形成隧道视野，只看得到眼前的问题和困难。我们可能会被一种沉重、黑暗的绝望感压垮。但是，当我们心存感恩的时候，就好像是给自己注入了一剂心灵的阳光。突然之间，世界变得更加光明，我们也有了更多的选择。

最棒的是，当我们体验到感恩的心灵阳光时，自己也会开始焕发光芒。突然间，不仅世界变得闪闪发光，我们也一样。很快我们会发现，生活中有许许多多想要和我们在一起的人，因为我们散发着平和、幸福与快乐的气息。

没有负面情绪的积压，将来就不会有它们转变成的疾病。

《**轻疗愈**》（*The Tapping Solution*）

5
手术前感谢每位家人，
恶性肿瘤竟奇迹治愈

约瑟芬是一位 77 岁的女士，她在快 60 岁的时候，被诊断出患有恶性脑瘤，当时她计划几天后就进行手术。在等待手术的那几天，她坐在家门口的秋千上，感谢生命中所有美好的事物。她给每位家庭成员都写了感谢信，并希望他们能来到自己身边，然后就住进了医院。

手术前一晚，约瑟芬突然看到"有一个头发长而飘逸的美丽女人对着我微笑，身上散发着光芒"。约瑟芬觉得"那个女人是天使，她感受到了我的爱，她来宽慰我说一切都好，我有足够的时间来实现自己的人生目标"。天使还对她说："永远记住，是你的爱和感恩让你获得了治愈。"最后，肿瘤消失了，约瑟芬没有做手术就被送回了家。

并非所有的疾病都会像约瑟芬那样被神奇地治愈，但近期的科学研究已经开始显示，积极的情绪，比如感恩和爱，会对健康产生有益的影响。这些感情会增强免疫系统，通过向血液中释放内啡肽，使身体能够抵抗疾病，并更快地从疾病中恢复过来。内啡肽是人体天然的止痛药，它们还能刺激血管扩张，使心脏放松下来。

而负面情绪，比如担忧、愤怒和绝望，会减少血液中对抗疾病的白细胞的数量，减缓它们的运动速度，并往血液中注入大量肾上腺素。肾上腺素会收缩血管，尤其是心脏中的血管，使血压升高，甚至还会损害动脉和心脏本身，导致中风和心脏病的发病率升高。

这意味着，我们越心怀感恩，向身体系统输送的内啡肽就越多，肾上腺素就越少，从而有助于我们变得更长寿、更健康。当我们细数自己生命中的幸事时，内心会切切实实沐浴在良好的激素之中。虽然我们不能保证感激之情会像约瑟芬的例子一样治愈我们身上的疾病，但可以肯定，它会令我们的身体感觉更好！

给"坏想法"命名，进而摆脱它。用恰当的方式适应瞬息万变的生活。

《复原的力量》（*Micro-Resilience*）

6
摆脱强迫性担忧

如果担忧是一份有报酬的工作，那我一定早就是一个有钱人了。在童年时期，我产生了一个想法，那就是担忧可以切实地避免未来遭遇灾难。在成年后，我开始相信，如果我停止担忧，把我的注意力从关心的事情上移开，就会发生可怕的事情。仿佛如果我足够担心自己变穷，我就不会变穷了；如果我足够担心伴侣的安全，他就不会出事；如果我足够担心孩子的身体，他就不会生病。

我的内心没有安放快乐的空间，因为那里充满了忧虑。

事实上，我只是确信一点，如果我太高兴了，情况就会变糟。例如，我觉得如果在爱情里太过快乐，担忧就不够多，进而我的爱情就会被夺走。

我一直在努力摆脱这种强迫性的担忧。40 多岁时，我惊讶地发现，感恩之心能迅速驱除这恼人的忧虑。我尝试过许多其他的方法，比如问自己最坏的情况会是什么，或是想象经历这一切后我会进入一种新的处境，或是不加评判地观察自己的忧虑。但这些方法都不如此刻对我所拥有的东西心怀感激来得有效。

⊙ 是担心钱吗？现在我关注的是，到目前为止，我一直都拥有我需要的，而且现在，我拥有的已经足够多了。

⊙ 是担心健康吗？现在我关注的是，我要感恩身体很健康的部分。

⊙ 是担心爱的人突然在事故中丧生？现在我关注的是，我有多感激他们现在存在于我的生活中。

　　我认为挖掘感恩的源泉对减轻担忧非常有效。因为，担心总是关于未来的，即使只是担心下一个小时或下一分钟，而感恩的对象就在此时此地。放下你的烦恼清单，这份清单里难道不是有可能发生，也可能不会发生的事吗？你会担心老板听你所做报告的反应、你会担心要怎么供儿子上大学、你会担心考试成绩，但在这些事件中，你都是把自己的想法投射到未来，想象不好的事情会发生。

　　正如美国作家安德烈·杜布斯（André Dubus）所说的，"如果你能度过一瞬间，那么度过一天就不难。"给你带来绝望的是想象力，它坚持要预测未来的成千上万天，几百万个时刻，它让你感到精疲力竭，无法活在当下。而感恩会带你回到当下，回到现在正在完美运转的一切。明天可能会遇到困难，但就目前而言，一切都很好。

　　感恩能够消除忧虑，因为它提醒我们宇宙是丰盛的。是未来可能会发生不好的事情，但想想你到目前为止所得到的一切，未来的人生旅途中你很有可能会继续得到支持，甚至这种支持会以你从未想过或选择过的方式来到你的身边。

当我们变成更快乐、更感恩的个体时，我们就创造了一个与所有美好事物相一致的振动频率，从而吸引更多的快乐和富足。

《吸引力法则》（*The Law of Attraction*）

7
装一半水的杯子，
你认为杯子是半空的，还是半满的？

我有个朋友，她的生活里似乎一件好事都找不到。她经常抱怨自己的工作、同事以及异性关系。她也把自己放得很低。尽管我指出了我在她生活中看到的所有美好事物，但对她也没有任何帮助。她只会又开始用"可怜的我"开头讲一遍生活里的所有问题。和她待了一个下午后，我感到烦躁、沮丧，而且坦率地说，很无趣。我决定要尽量避免和她见面。

我的朋友阿比正好相反。阿比的生活也很艰难。她出生在一个并不富裕的家庭，要供自己上大学，要照顾年老生病的亲属，还要一个人养儿子。但她大部分时间都很开朗、乐观，我喜欢和她待在一起，每当和她待在一起时，我都会感觉生活似乎很轻松、很快乐。

当你真心渴望某样东西时，整个宇宙都会合力助你实现愿望。

Attitudes of Gratitude

最近，我发现她的事业发展非常顺利，老板和同事似乎都很欣赏她。

我问起这件事时，她回答说："是的！我热爱我的工作，我很幸运能拥有这份工作。每天早上当我开车去上班时，我都会抓着方向盘，感谢上天给了我这份工作。感谢这份工作让我能买得起这辆很棒的车，感谢在漂亮的办公室里和我一起工作的好同事，感谢我的老板对我和其他人都很好。我非常感激我所拥有的一切，而且会在上班的路上表达我的感谢。这样做让我能够脚踏实地，以积极的态度开始每一天。"

　　我相信是阿比的感恩之心使她拥有如此乐观的态度。这也是为什么她的朋友数量比我认识的任何人拥有的都多。当我们心存感恩时，就会散发出快乐的气息，这会让我们成为磁铁，把人们吸引到我们身边。

　　感恩不仅能把人们吸引到我们身边，还能帮助我们留住身边的人。当我们看到杯子是半满的，而不是半空的时候，我们就会注意到杯子里有什么，而不是总想着杯子里没有什么。当我们注意到生活中有什么时，我们就会从自我专注中解脱出来，意识到身边还有很多人，他们为我们做过很多美好的事情。如果你能对他们的存在表达感激，他们就会更愿意留在你的身边。

世界上不好的东西已经够多了，让我们更专注于好的东西吧！

《**财富自由笔记**》（*Boss Up！*）

8
放下怨恨与痛苦，向爱前行

辛西娅是一位个子娇小、富有才华的女士，20 年前，28 岁的她经历了一次可怕的离婚。20 年过去了，她仍然感到痛苦和怨恨，心里始终放不下前夫，一有机会就在孩子和朋友面前说他的坏话，深信是前夫毁了她的生活。

当然，在某种程度上，确实是这样。但因为她总是关注自己内心的痛苦和怨恨，伤口永远无法愈合，无法继续前进。她感到受伤又怨恨，也没能获得新的爱情，她已经长大的孩子们也像躲瘟疫一样躲着她。

你有没有遇到过这样的人？他们觉得生活非常痛苦，就像一个黑洞一样吸走了周围所有的能量。不论我们称他们为悲观主义者、忘恩负义的人，还是总是看到杯子是半空的人，他们都是身边人的拖累。他们专注于那些不顺利的事情，看不到自己也以各种方式获得了许多礼物、祝福和惊喜。

大多数人都不是完全的"黑洞"，但当我们无法对生活中发生的事情心存感激时，我们就会陷入痛苦之中，这会阻碍我们在情感和精神上获得发展。如果我们无法成长，内心的光就会变黯淡。

> 我希望我的灵魂闪耀着爱的光芒，而练习感恩是我知道的最好的方法之一。
>
> —— Attitudes of Gratitude

痛苦是一种毒药，它会熄灭我们灵魂中的光芒，让我们只专注于不顺利的事情，对生活中的乐趣变得麻木不仁。那个和我一起生活了 14 年的男人离开我时说他做出这个决定是因为我变得充满愤怒和仇恨，他不想看到这些。

虽然我们分开还有其他原因，其中很多都是他造成的，但在失去伴侣的痛苦消退后，我感谢他给我敲响了警钟，他让我发现，我正在变成一个充满怨恨的人，而这是我最不想看到的事情。

我决心不再沉浸于痛苦之中。虽然生活中有很多事情让我有理由生气、愤怒或感到受伤，但这并不意味着我应该忽视其他美好和感人的事物。我希望我的灵魂闪耀着爱的光芒，而练习感恩是我所知道的最好的方法之一。

感恩是内心的一束光，我们可以用它来照亮灵魂。我们越是心怀感恩，就越能感受到光的照耀，同时也能向世界散发出更多的光芒。

不完美，才是最完美的人生。

林语堂

9
接纳：和完美主义说再见

年轻的时候，我认为任何值得做的事情都应该做到完美，当我做到完美时，或许就可以得到所有崇拜。不幸的是，我总是会犯错，我会嫉妒弟弟，也会忘记整理床铺，每次犯错后我都会陷入绝望，认为自己是个彻头彻尾的失败者。

我们这些被完美主义折磨着的人可能会用惊讶或鄙视的眼光来看待那些没有受到它折磨的人，"你不在乎自己做得不完美吗？""你是多么懒惰啊？"但事实是，完美主义源于我们自身的缺乏感。我们只是不相信卑微的、不完美的我们足够好，因此必须通过成为完美的严于律己者来进行弥补。

　　我就是如此。当我还是个孩子的时候，我就有了这样的认知：只要我把每件事都做得完美，生活就会很美好。但是，即便我尽了最大的努力，生活还是经常会变得混乱。所有人，包括我自己，都无法做到完美。在心甘情愿做了几十年完美主义者之后，我终于厌倦了。现在，我不再试图让每个人、每件事都符合我的期望，而是把精力放在了让自己变得更心怀感恩上面。

　　完美主义来自一种不足感、匮乏感，感恩的态度通过让我们体验丰足来抵消这种感觉。感恩让我们感觉世界变得更加完整。当我们满怀感恩之情时，我们就能接受生活本来的面目，不论它有多么凌乱、复杂和超乎寻常。

　　感恩不仅能帮助我们接受这个世界是不完美的，还能帮助我们接受自己是不完美的。心怀感恩时，我们会意识到自己是这个世界的一部分，并且作为宇宙之子，完全接受身上所有的不完美。

延迟满足是积累财富的关键，即时满足是长期财富增
长的死敌。

《富爸爸的财富花园》（*The Wealthy Gardener*）

10
不再需要"买买买"来填补自我

几年前，我注意到，如果哪个周末我不买一些生活必需
品之外的东西，我就会有一种心痒的感觉。我想购物，想买
东西，想消费，买什么都无所谓。其实我什么都不需要，但
我就是想买东西。

我不认为只有我有这种感觉。现在，美国的消费者债务
达到了历史上的最高水平，个人破产率也是如此。很多人把
自己买进了一个"财务窟窿"，而且这个窟窿太大了，怎么
都爬不出来。

我不喜欢被消费奴役的感觉，所以我决定少买一些，转而珍惜我已经拥有的东西。相比买一件新衬衫，我选择穿上一件最喜欢的旧上衣。但我并没有漫不经心地穿上它，而是试着真正注意到它身上我喜欢的地方：精致的刺绣、丝滑的绸缎、鲜亮的颜色。

由此，我发现了感恩带给我们的最伟大的礼物之一，它能让我们摆脱受困已久的消费跑步机。

一个存在已久的减肥秘诀是先吃点东西，然后等 20 分钟再决定还吃些什么。原因是你的身体需要 20 分钟时间来意识到它已经吃饱了。你如果不停地吃，就不会意识到其实早就饱了，因此可能会吃得过多。

感恩我们生命中所拥有的一切，就像是吃饭时所做的停顿，它会让我们感到充实，在情感和精神层面上意识到我们被给予的已经"足够多"。如果我们不每天练习感恩，我们就很容易过度消费，感到匮乏，并试图通过拥有某些东西来填补这种匮乏，因为在心理层面上，我们没有意识到自己已经拥有了所需要的。

我花了很多年和人们谈论这一点，但实现它的唯一方法是亲身尝试。试一试在两个星期的时间里，除了所需的食物，别买任何新的东西。

试一试从心理上真正接受你已经拥有的礼物，比如舒适的公寓、妈妈送给你的绿色陶罐、滴水兽的书立，还有那些无形的东西，比如健康的身体和生命中的爱。出去走走，真正去注意并感恩生活中带给你快乐的事物。不久后你就会发现，这样做对你的购物欲望带来怎样的影响。

生活不只有未来，还有"现在"。"现在"是你当下所经历的人生，关注"现在"才是一种明智的举动。

《早起的奇迹：有钱人早晨 8 点前都在干什么？》

（*Miracle Morning Millionaires*）

11
被自己的尿液灼伤的弃儿，
专注地感激着热牛奶

昨晚，我看着刚领养的女儿安娜躺在床上，陶醉地吸着奶瓶。她闭着眼睛，嘟起玫瑰花蕾般的嘴，精巧的手指握住塑料瓶，全身心地投入这份体验中。

一个圣诞节的晚上，安娜被遗弃在一条冰冷的街道上，直到有人听到了她这个新生儿的哭声。接着她又被人忽视了一年多，在此期间，她一直在喝掺了水的牛奶，在我们喂养她的头几个星期，她似乎饿极了。我们接到她的时候，发现她的屁股也因为长时间躺在尿液里造成了二级灼伤。

　　而安娜现在没有纠结于过去的伤痛，也不会担心未来的奶瓶在哪里，她如此专注地感激着热牛奶，当牛奶流进她的喉咙后，其他的一切，过去和未来，都消失了。当我看着她的时候，我意识到，当我们选择让感激之情自然地充满全身时，可以完全地沉浸在当下。

　　在遭受了如此多痛苦后，安娜还能让自己完全沉浸在感激奶瓶的快乐中，难道我就不能让自己在这一刻全心感激我桌上的甜豌豆，感恩我能够思考、阅读和写作这个奇迹吗？

　　当我让自己充满感恩之情时，过去和未来都消失了，我身处当下，变得更加有活力。这是因为，在很大程度上，感恩是关于此时此地的。我们可以对过去遇到的好人好事心存感激，对未来满怀希望，但当我们体验到感恩时，通常是在考虑当下的情况。我们让自己来到了此刻。我们的注意力会离开我们或他人在过去做过或没做过的事情，离开我们对未来的希望或担忧，我们会发现自己正处于宝贵的当下，而此刻的这份体验将永远不会再来一次。

世界已在早晨敞开了它的光明之心。出来吧，我的心，带着你的爱去与它相会。

诺贝尔文学奖获得者、印度诗人　泰戈尔

12
为什么能打开朋友的礼物，
却无法向朋友打开内心？

近几年，我和一个喜欢互送礼物的家庭度过了几个圣诞节。每年圣诞树周围的地板上都会堆满许多礼物，多到要花一整个上午才能把它们全都拆完。尽管我收获到很多，但每年离开那里的时候我都会感到空虚和孤独。

礼物很多，但大家的心并不在那里。这个家庭之所以送出这么多礼物，是因为他们不知道如何与自己，以及他人建立深层的联系。他们会撕开成堆的包装纸，按惯例说一句"谢谢"，但没有人表达了或接收到了真正的感谢。

物质上的丰足和情感上的匮乏形成了鲜明的对比，这种感觉是如此的强烈。这时我才意识到，一颗封闭的心是体会不到感恩的，敞开心扉才能体会到感恩，只有打开自己的内心，才能感受这一刻的美好，迎接下一刻可能出现的惊喜。

> 用执着代替疑虑，用感恩代替抱怨，用爱代替恐惧。
>
> *Attitudes of Gratitude*

当一个人帮助了你，即使只是一件很小的事，你真心实意而非出于礼貌对他说出"谢谢"时，你的心就会自然而然地向对方敞开。在那一刻，你们会体会到彼此之间的联系，即使你们并不相识。

过度的自我保护会导致我们无法对现在所获得的一切心怀感恩。打开内心需要勇气，需要我们对他人和整个世界的善良有足够的信任，这样我们就可以把自我保护放到一边，勇敢地承认自己收到了一份礼物。

　　为什么在我们的社会中很多人口中的"谢谢"是刻板无情的？因为人们害怕心怀感恩，他们害怕当自己承认给予者和接受者之间的联系时，会体验到失控的感觉。每当我们真诚地表达感谢时，我们都害怕感受到由此产生的爱。我们已经心碎过很多次，我们想确保这样的事情不会再次发生。

　　选择权在我们手中，每时每刻都是如此。我们是想生活在看似安全的环境中，把自己关在坚硬外壳里，不愿体验那种独属于我们的、深刻而持久的联系，还是愿意一次又一次地冒险，打开我们的内心，感受一切美好和痛苦？

　　什么时候你体验到了打开内心的感觉？是什么条件促使你愿意敞开心扉？当我们练习真正心怀感恩时，我们也学会了一次又一次勇敢冒险。

多做些好事情，不图报酬，还是可以使我们短短的生命很体面和有价值，这本身就可以算是一种报酬。

美国作家、演说家　马克·吐温（Mark Twain）

13
"慷慨的循环"：
给予、接受、获得并再次给予

德博拉一直在泰国的一所寺庙里学习佛教，那里的教学、住宿和饮食都是免费的。就在她离开前不久，一个泰国家庭来到这里，为 250 名静修者做了一餐饭，以表达他们对佛陀教诲的感激之情。

不久之后，德博拉参与策划了一次周末静修营。策划过程中遇到了一个问题，那就是如何为所有将要出席的人提供午餐，因为这顿饭的费用不在预算之内。德博拉对那个泰国家庭的慷慨充满了感激之情，她愿意为所有参与者支付午餐的费用。"我发现送大家一份这样的礼物给我带来了莫大的快乐……后来，当我把这个故事讲给一群人听时，我惊喜地看到一个又一个人走过来，主动把钱递给我作为'午餐基金'。他们想让'慷慨的循环'继续滚动下去。"

感恩创造了一种满足感。拥有了这种满足感后，我们会感动地奉献一些什么。这是因为这种满足感会产生真正的善良和慷慨：我们在内心满溢感动后投降了。正如德博拉的故事所表明的那样，感恩会产生慷慨，慷慨会继续产生感恩，而感恩也会继续产生慷慨，形成"慷慨的循环"。

当我们怀着感恩之心生活时，我们会看到无数把爱给予他人的机会。

Attitudes of Gratitude

这是一个美好的循环。你越感恩，给予的冲动就越强烈。你给予的越多，得到的就越多，得到的东西会包括爱、友谊、使命感和成就感，有时甚至是物质财富。正如作家刘易斯·斯梅代斯（Lewis Smedes）所说："当我感受到获得礼物的喜悦时，我的心会推动我加入创造的芭蕾舞，那是一种给予、接受、获得并再次给予的轻快舞蹈。"

你不必给予一份奢侈、昂贵的礼物。当我们怀着感恩之心生活时，我们会看到无数把爱给予他人的机会：把花园里的一朵花送给同事、对孩子说一句亲切的话、去拜访一位老人。你知道可以做些什么。

在寸草不生的罗布沙漠中，马可·波罗感受到了一种超自然的美。沙子会发出嗡嗡之声，既像是优美的竖琴声，也像是轰鸣声，甚至像是有人在歌唱。

《丝绸、瓷器与人间天堂》（*Marco Polo*）

14
"想起林间的那片空地，
再次发誓要保护那个地方"

在《连续统一体的概念》（*The Continuum Concept*）一书中，琼·利德洛夫（Jean Liedloff）描述了她 8 岁时的一段深刻经历，当时她体验到了安妮·拉巴施蒂勒描述的那种联系。

"这件事发生在我参加夏令营时，当时我正在缅因州的一片森林里散步。我走在最后，落后了大家一点，当我正赶忙追赶上去时，我看到了一片林间空地。空地远处有一棵茂盛的冷杉树，中间有一个小土丘，上面长满了颜色鲜亮的、几乎会发光的绿色苔藓。午后的阳光斜映在蓝绿色的松林上。抬起头就能看到笼罩在树林上方的湛蓝色天空。整个情景具有一种完整的厚重感，使我停下了脚步……"

"所有的一切都在那里——树木、泥土、岩石、青苔。秋天，这里会很美；冬天，这里将被白雪覆盖。当春天再次到来，奇迹中的奇迹将以其独特的速度展开，有些花草已经枯萎、有些植被迎来了它们的第一个春天，但所有的一切都是平等的，完全恰到好处……"

"那晚躺在行军床上，我想起林间的那片空地，心中充满了感激之情，并再次发誓要保护那片地方。"

美国著名诗人沃尔特·惠特曼（Walt Whitman）为紫丁香写道："每一片叶子都是一个奇迹……"当我们怀着深深的感恩之情时，我们就会与所有的生命联系在一起，认识到最高大的树、最微小的虫子身上所发生的奇迹。

这种相互联系的感觉会带给我们纯粹的快乐，它赋予了我们人类的重要性，并启发我们要尽一切努力来保存和保护地球所有自然景观，而不仅仅是那些我们能靠近的自然景观。

　　因此，感恩也催生了一种充满爱的环保主义，一种我们
与一切爬行、蠕动、摇动的动植物之间拥有明确联系的感知。
我们会认识到，我们无法离开这张充满慈爱的生命之网，一
直以来我们都在它的怀抱中生活，受到滋养，我们会发誓要
保护这张神圣的生命之网。

不管是哪一种，我知道，宇宙给了我一个微笑，于是
我决定心怀感恩地还以微笑。

《感恩日记》

15
破产后的她，
含着热泪感谢日落下琥珀色的太平洋

玛乔丽曾是"明星的珠宝商"，她为摇滚女王蒂娜·特
纳（Tina Turner）等名人制作过独一无二的戒指和其他耀
眼夺目的首饰。她的生意蒸蒸日上，好日子确实来了。然而，
当金价飙升时，她破产了，隐居到了一间小屋。但她不想自
哀自怜。

在求职飞行旅途中，玛乔丽坐在保罗的旁边。保罗是一
个迷人而可爱的少年，他来自南卡罗来纳州，即将前往中国。
两人正聊着天时玛乔丽注意到，壮观的日落散发出金色和紫

红色的光芒，把太平洋变成了一个琥珀色的玻璃池，玛乔丽眼含热泪地大声说道："看看这景色。多么美丽啊！我感谢这个世界！"

保罗严肃地转向玛乔丽，问道："你认为世界是如何被创造的？"

玛乔丽吃了一惊，回答说她不太关心世界如何诞生，世界就是世界。玛乔丽回过头呆呆地望着他，这时候一个小小的奇迹发生了。

玛乔丽和周围的所有人都立刻放松了下来，望着日落，心怀着永恒的惊奇和感恩，仿佛经历了中国哲学思想中"天人合一"的境界，再次看到了我们所在的这个世界的奇迹。

感恩是对馈赠者的回应，当我们感谢他人赠予的礼物之外的东西时，我们实际上是在感谢强大神力赐予我们的东西：食物、住所、美丽的阳光、生命本身。当我们表达感谢时，我们的精神会在生命之舞中与伟大的圣灵融为一体，这是施予者与接受者之间的相互影响。

大自然的秩序，证明了宇宙确有它的建筑家。

哲学家　康德

16

在早春的冰冷小溪中踩水，
整个地球都是我的家

　　格斗武术家植芝盛平（Morihei Ueshiba）曾描述过一次他独自在花园里散步的经历："突然，我感觉到一个金色的精灵从地里跳了出来……我的思想和身体都变成了光。我能够听懂鸟儿的低语，并且清楚地意识到上天的想法……保护众生的仁爱之心。无尽的喜悦的泪水顺着我的脸颊流了下来。从那时起，我开始觉得整个地球都是我的家……"

　　你是否有过这样的体验：你从普通的时空中滑出，进入宇宙的流动，在那里你和其他一切事物之间没有分离开，一切似乎都是完美的，就像它本身一样。有些人是通过冥想找到这种超越的时刻，有些人是在大自然中，还有些人是在做爱时。小时候，在早春的时候，我经常在我家附近冰冷的小溪里独自踩水，那时候会体验到这样的时刻。

这样的时刻是罕见的礼物，此时我们会敞开心扉，进入一种宽广、狂喜的状态，在那里，我们和世界都是美好的。这些恩典时刻是如此的罕见和美妙，许多灵性的追求者花费了一生的时间只为试着体验到它们。而对这种开阔感的渴望往往会促使人们服用改变意识状态的药物。

我相信，你不必在山顶冥想多年或服用致幻剂来体验这种超越。你所要做的就是充分挖掘感恩之情，恩典就会降临。

我们不能强迫或要求获得这种神奇的神秘体验。但我们可以通过对我们正在经历的奇迹感到深深的喜悦，使自己成为心甘情愿和值得尊敬的参与者。用艾米丽·狄金森的话来说，通过感恩，我们的灵魂"永远站立着、微微打开着，准备好迎接狂喜的体验"。

第 3 章

拥有感恩的态度，
才有行动的源泉

Attitudes of Gratitude

拥有感恩的态度，才有行动的源泉。

成长最有力的动力，

不是掌握某种技巧，

而是心态的改变。

除非我们改变内在的思维，

改变我们想象自己和现实的方式，

否则我们无法改变外在的行动和结果。

吸一口气，你会意识到你还活着。你还活着，而且在这个美丽的星球上行走……最伟大的奇迹就是活着。

一行禅师（Thich Nhat Hanh）

17
即使身处苦难，
每一天也能再次欣赏生命的奇迹

一行禅师是一名越南僧人，曾在法国流亡，2022 年 1 月 22 日早晨，在越南顺化的慈孝寺去世，享年 95 岁。

在越南生活期间，他经历了各种各样的苦难：不知是法国、美国还是越南军队杀害了他的家人和朋友，他创办的孤儿院也被炸毁了。然而，他依然充满快乐和感恩。

有人问他，他是怎样平和的心怀爱意度过这些困难的，他回答说，每天早上他都问自己今天能期盼什么，有时他的答案只有蓝色的天空和棕黄的土地，以及他还在呼吸的事实。

但在细数自己获得的祝福时，他重新与一个奇迹联结在了一起，那就是至少此刻，他还活在这个美丽的世界上。他提醒我们："光受苦是不够的。生活既可怕又美好。当我内心充满悲伤时，我如何能微笑？很简单，因为你不仅仅拥有悲伤。"

佛教和苏非派的大师花了很多时间谈论"觉醒"，我想，他们指的是，充实地生活。因为我们时时刻刻都能意识到自己正在做的事。意识到吸气，意识到呼气，意识到咀嚼和吞咽食物，意识到走路时要协调两只脚的动作，意识到你看到了襁褓中的儿子，意识到你的话对同事带去了影响，意识到你的一只脚正压在另一只脚上……

精神领袖们教导我们，觉醒是一个过程，它不会只发生一次就解决所有的问题，而是必须不断地发生。当我们意识到自己忘记了活着的奇迹时，我们就会再次看到奇迹。当我们意识到活着的美妙时，不论我们身处何种环境，感恩之情都会源源不断地流淌开来。

当我遇到困难的时候，我也会做类似一行禅师的练习。我曾在早上起床之前问自己那天我能期盼什么，从外部来看，我还有地方住，还有食物吃，从内部来看，我感受到了对朋友的爱和信任。

当我们学会欣赏生命的奇迹时，我们就会获得内心的平和与力量，用以面对生活中的挑战。

Attitudes of Gratitude

这是一剂消除忧虑的良药，会为你打开感恩之门，但前提是你真的能做到当天只期盼那些。例如，有时我发现，当我想到我拥有一栋房子时，我会对自己说："是的，但我不知道明天我是否还能还得起贷款，而且如果发生地震要怎么办……"然后我会选择停下来，对自己说："我只需要考虑今天。今天可以期盼什么？"当我们学会欣赏生命的奇迹时，我们就会获得内心的平和与力量，用以面对生活中的挑战。

有人问爱因斯坦，他认为人类需要回答的最重要的问题是什么？他的回答是："宇宙是不是友善的？"

18
厌倦了紧绷，
44 岁的我决定开放地接受所发生的一切

在我人生的大部分时间里，我都信奉"当心，灾难可能随时来临，所以不要太过自满"的说法。这导致我一直都在遭受背部和颈部慢性肌肉痉挛的折磨，就连我的身体也永远紧绷着等待麻烦的到来。

到 44 岁的时候，我已经厌倦了这种生活，厌倦了等待繁荣衰落，厌倦了在恐惧中握紧拳头，我希望自己能对未来充满期待，能开放地接受所发生的一切。所以，我决定心怀"宇宙是友善的"的信念生活。

如今，我思考爱因斯坦提出的这个问题已经有一年多了。我相信，每个人如何回答这个问题，是决定我们是否快乐、内心是否充满喜悦的关键，也是决定是否容易产生感恩的态度的关键。

> 如果我相信宇宙的友善，事情就容易迎刃而解。如果还没有，那么至少在此期间，我会更享受生活。
>
> *Attitudes of Gratitude*

如果我们相信宇宙是友好的，那么我们就会相信生活是站在我们这边的，美好的事情会出现在我们的生活里，即便不幸的事情发生了，它们也只是道路上出现的颠簸，目的是教会我们变得更聪明、更完整、内心充满更多的爱。有了这种宇宙观，感恩就会自然而然地从我们身上流淌出来，这也是我们对周遭的恩赐所做出的本能反应。

如果我们相信宇宙是不友好的，那么我们就会认为生活是一场与困难进行的无休止的斗争，我们要么会认为坏事会随时发生，要么会认为它们是故意来折磨我们的，而我们没有任何依靠，因此必须为下一次危机做好准备。在这种价值观中，感恩与具体的情况息息相关。当事情进展顺利时，我们也许会心存感激，但我们总是会准备好面对繁荣的衰落和一切的消失。

　　我总是会忘记宇宙是友善的，尤其是在经济上出现问题的时候。当我忘记的时候，我就会拿出一张纸，上面写着因纽特人的一段教义："我们永远不会看到宇宙的居民或灵魂，只会听到它的声音。它有着温柔的声音，就像女人的声音那么好听……即使孩子听到了也不会害怕。这个声音轻柔地说着'不要害怕宇宙'。"这段话让我记住了，如果我相信宇宙的友善，事情就容易迎刃而解。如果还没有，那么至少在此期间，我会更享受生活，也会变得更加有趣。

如果你相信别人关心你的幸福，不是因为他认为应该这么做，而是他打心底里关心你，你就不会质疑这种亲密。

《恰到好处的亲密》（*Stop Being Lonely*）

19
不用把感恩强加给自己

毁掉一个人的感恩之心，最快的方法，就是告诉他，他"应该"心怀感恩。有些事情是"应该"做的，比如孩子应该学习礼仪，他们不仅会通过观察他人的行为学习，还会通过指导来学习。

当我们觉得"应该"让感恩成为生活中的一种鲜活力量时，我们会产生内疚感，不论是别人强加给我们的，还是我们强加给自身的，而且这些都是致命的。

在生活中，总会有人告诉我们，我们应该对某件事心存感激，或许我们也会这样对自己说。然而，用这种方式在我们心中培养起感恩之心的可能性最低，无论是谁。

在我看来，感恩之心可以通过两种方式产生：第一，内心自发地感受到生活及生活中一切特殊的奇迹；第二，有意识地去练习，看到生活中进展顺利的事物，而不是关注生活中缺失的东西。无论是哪种方式，内疚都无法帮助我们产生感恩之心。

内疚是一种可怕的动力。它会让我们想要逃离感觉不好的事物，以避免探索它背后隐藏的一切。

我这么说，是因为不希望你在读完这本书后，认为自己"应该"心怀感恩。我想鼓励所有人敞开心扉，尽自己所能地体验感恩。但我也知道，有些时候，无论我如何努力，都无法对任何事情心存感激，如果有时你也如此，那就温柔地对待自己。你越是接受某些情况对于你来说是真实的，越少告诉自己"应该"怎么做，就会为感恩创造更多的空间，让它静静地、轻轻地流入你的心。

我能够为自己说话。我自由地表达自己。我有创造力。
我用爱说话。

《生命的重建》（*You Can Heal Your Life*）

20
"有时候呼吸变得轻松，
那时我真的很享受……"

多年来，父亲一直患有肺气肿，需要靠氧气罐呼吸，几乎不能走动，身体也在迅速衰弱。由于长期卧床，他需要持续吸氧和接受药物治疗。他身高 1.88 米，体重却只有 59 千克，因为吃除半流食之外的任何东西都太难了。

在父亲去世的前一周，我去医院看过他。那时，他需要非常努力才能完成每一次呼吸。我问他，他的生活质量这么低，是否值得他付出这么多努力。他回答道："我仍然享受活着，有时候呼吸会变得更轻松，那时我真的很享受静静地呼吸。我仍然喜欢看报纸上的漫画和电视上的球类比赛。我的生活很好。"对于他所失去的一切，对于他再也无法做的一切，他只字未提。

当我准备为《感恩的心》(*A Grateful Heart*) 做宣传时，我和朋友道娜·马尔科娃 (Dawna Markova) 讨论了感恩的力量。她很擅长比喻，这是一个从新角度看问题的好方法。那次会面中她说了一句话，我一直记得，她说："感恩就像一支手电筒。如果晚上你走到院子里，打开手电筒，你会突然看到那里有些什么。它一直在那里，但在黑暗中你看不到它。"

感恩是一种生活态度，一种善于发现美并欣赏美的道德情操。

Attitudes of Gratitude

正是如此！感恩会照亮原本就存在的一切。你不一定拥有更多或不同的东西，但突然间你可以看到自己有些什么。而且因为你能看到，你不再会认为这是理所当然的。你站在院子里，突然意识到：哦，春天的第一朵花正努力在雪中绽放；哦，有一只鹿从灌木丛中钻了出来；哦，这是你一直在找的，你女儿用来做泥饼的量杯。这还是你原来的那个旧后院，但突然间站在那里的你内心充满了幸福、快乐和感激。

我父亲就是这么做的，感恩之光照耀着他的生活，让他看到了生活中的美好事物。

感恩手电筒的伟大之处在于，不论你身在何处，身处何种环境，都可以使用它。无论我们是年轻还是年老，是贫穷还是富有，是病弱还是健康，它都会起作用。我们要做的就是把它打开。

打开感恩手电筒的方法因人而异。在一场为期一周的研讨会上，有人问一位著名的外科医生这一周有什么事情让他感到惊讶或受到鼓舞，他回答说："没有。"他总是愤世嫉俗。但有件事使他感到不安——他知道自己"没有通过"研讨会主办人举行的测验。于是他开始四处搜寻可以向主办人汇报的事情。到了周末，他真的沉浸在生活的兴奋和奇妙中了，其他研讨会参与者都看到了他前后的变化。

我们不需要刻意感恩自己身处在世上，因为大自然会展示它的奇迹，我们的身体和灵魂都会自然而然地感受到这份深沉的感恩。

《感恩日记》

21
自然而然地感受到万物的深沉

在《在加速的世界中放慢脚步》（*Slowing Down in a Speeded Up World*）一书中作者写道："我唯一的儿子在五年前去世了，当时他只有四岁半。他的死亡带来的礼物之一就是给了我一个理由，让我可以停止这种匆忙的生活。第一年，每当我需要的时候，我就会让悲伤淹没自己，我让自己对这个不可思议的世界中围绕在我们身边的治愈敞开心扉。我留出了时间去与朋友们拥抱和聊天，花了大量的时间来怀念那四年半的美好时光。"

第 3 章　拥有感恩的态度，才有行动的源泉

"如今，当办公室窗外的海湾上出现一弯彩虹，当一根小羽毛从天上飘落到我身边，或麦当劳里响起一个孩子的哈哈大笑声时，我常常会热泪盈眶，慢慢停下脚步。"

"我意识到自己是多么幸运，没有弄丢我的儿子，而是可以尽可能长久地拥有他的陪伴。我很幸运，我知道某些时刻的重要性，那些时刻会抓住你的灵魂，而且可能永远不会再次出现。"

感恩，或大卫·施滕德尔－拉斯特（David Steindl-Rast）修士所说的"大大的满足"，是人类内心对一切无缘由存在的充分响应。我们拥有的每一件东西都是上天赐予的，不是因为我们值得拥有它，而是无缘无故的，没有任何确定的原因，而且这对于每一个生命来说都是如此。

我们彼此相连，与天空、水塘、树、蛇相连，因为我们共同存在于此，是生命之轮的一部分。无论我们认为给予者是谁，可能是某种意义上的上帝，或宇宙大爆炸的随机性，我们存在的事实、蜥蜴的皮肤、玫瑰的香味、天空的蓝色，都是令人难以置信的礼物。不论是蜜蜂、花朵，还是人类，

都没有做任何事情，而值得获得这份礼物，也没有人要求我们付出任何回报。

在我们凝视着一片水仙花田，在温暖的水中悠闲地游来游去，或听着爵士乐中那令人悲伤的美丽声音时，当我们突然被这份不可思议的、没有附加条件的免费礼物所打动时，感恩之情就会自然而然地从我们身上流淌出来，不需要付出任何努力。在这种时候，我们不需要努力去感恩，我们会自然而然地心怀感恩。

在这些动人的时刻，我们在巨大的生命之轮中占据了自己的位置，认识到我们与彼此以及万物之间的联系。不仅如此，我们实际上成了万物的一部分，所以我们体验到的真相是，我们与其他一切事物，与周围的声音、景象和内心的感觉之间没有分离。

在这样的时刻，感恩会完全打开我们的心，我们会接收到每时每刻都该拥有的爱、美丽和快乐。感恩的心会使我们与万物融合，并记住我们真正的家园。

导致我们情感痛苦的不是经历、环境或事件，而是我们不愿接受生活现状并继续前进的态度。

《奇迹公式》（*The Miracle Equation*）

22
有意识地培养"心灵的习惯"，
我们就能"重塑"世界

我从朋友达·罗·金玛（Daphne Rose Kingma）那里学到了很多与感恩有关的事情。我们花了很多时间一起写书，也曾一次又一次地看到她和路上遇到的陌生人建立起了个人联系，比如垃圾清理工，或者街角卖咖啡的人。无论她的生活里发生了什么，无论她多么匆忙或心烦意乱，她都会花时间与人建立联系。

我曾听过她和航空公司的工作人员通话。在预订机票的过程中，她得知了工作人员的名字、住址，以及她和自己一样喜欢花哨的高跟鞋。金玛会真诚地感谢对方的帮助，而电话那头的人感到自己正在沐浴着温暖的爱。那时我才意识到，虽然感恩是一种感情，但它是可以培养的。于是，我开始效仿她，尽管我在这方面仍然做得不如她好。

情感的一个奇妙之处在于，它们来来去去，就像海洋中的波浪。快乐、愤怒、恐惧、感激、爱，这些情感都是在某种外部或内部的因素触发下产生，然后消退。我们感到生气，然后又不生气了。我们"相爱"，然后又不再相爱。我们心存感激，然后这种感觉又过去了。孩子的情绪波动则更为明显，它们来去迅速，毫无顾忌。前一分钟，我女儿还因为我离开了房间而大声尖叫，我回到房间抱起她，她就露出了灿烂的笑容。

我们的成长任务之一就是超越这种短暂的情绪反应，开始培养持久的积极情绪，就像达·罗·金玛所说的，培养"心灵的习惯"。

这意味着即便当我们没有"感觉到"爱的时候，也要学习去爱；当我们想要发脾气的时候，要学习友善；当我们不

第 3 章　拥有感恩的态度，才有行动的源泉

特别想要感谢的时候，也心怀感恩。通过这种方式，我们将来来去去的感觉转化为有意识的态度，即便没有"感觉到"它，我们也会据此采取行动。

我们的态度就是我们的精神立场，是我们对生活所持的立场。在某种程度上，态度决定了一切，因为我们是在透过态度的镜片看这个世界。这个世界是天堂还是地狱？这个问题的答案取决于我们对待生活的态度。世界变了吗？很有可能是我们的想法改变了。如果我们有意识地培养积极的态度，比如爱、快乐和感恩，我们就能"重塑"这个世界。

感恩的态度特别之处在于，它能立即将我们与万物联系起来。更重要的是，感恩认可了我们和生活中其他事物之间的联系和转换。要有意识地认识到，我们越是心怀感恩，就越会感觉生活丰富满足。

这就是态度和感觉之间的微妙之处。你培养了态度，就能体验到更多的感觉。我们爱得越多，感受到的爱就越多。我们播撒的快乐越多，回馈给我们的也就越多。我们越是感恩，就越能体验到由感恩的态度产生的丰富情感。

只要我改变自己的行为，就能带动周围的人改变。

《自律力》(*Triggers*)

23
"太好了！有四个人愿意给我一个肾！"

我的朋友安妮特需要进行肾移植。认识她的人都对她的感恩心态感到惊讶。得知这个事实后，她没有采取"我很可怜"的态度，而是把注意力集中在这样一个事实上：在等待移植的过程中，她可以接受一种侵入性更低的透析方法。她还容光焕发地告诉了我一个情况："我很感激。有四个人自愿接受检测，看看他们能否成为捐献者。是不是太好了！有四个人愿意给我一个肾！"

有一天，我看到一辆车的保险杠上贴了一张贴纸，上面

第 3 章　拥有感恩的态度，才有行动的源泉

写着"态度是唯一的残疾"，这句话让我想起了安妮特。虽然我确信这是一个为残疾人争取权利的口号，但我突然意识到它蕴含着更大的意义：我们对生活的看法，也就是我们的态度能够使我们身心健全，或变得残缺。

正如许多灵性导师所说，我们不一定能改变周围的环境，但我们完全可以控制自己对周围环境的看法，以及环境在我们眼中的意义。无论我们身处何种环境，甚至是在像集中营一样恐怖的环境中，我们都可以专注于积极的一面，凭借我们的态度而有所作为。

> 我们这些在集中营里生活过的人都记得，有一些人走进一间间营房安慰别人，把自己的最后一片面包送了出去。这样的人也许不多，但足以证明，一个人的一切都可以被夺走，但唯有一样东西除外，那就是人类最后一项自由——在任何环境下都可以选择自己的态度……
>
> 维克多·弗兰克尔（Victor Frankl）

安妮特生病了，但因为有着感恩的态度，所以她并不残缺。通过感恩，她正在提高自己重新开始和再次创造的能力，正如琼·博里森科（Joan Borysenko）所说："当我们从更高的视角看待生活时，这一切就会发生。"

安妮特吸引了很多想要帮助她的人，从肾脏捐赠者、能量疗愈师，到愿意在补休时间为她做事的同事，以及在她休养期间自愿为她做饭和打扫卫生的人。我们都想和她在一起，因为她能教会我们如何心怀感恩、快乐生活。

她向我们证明了，不论我们身处何种环境，都可以有意识地选择用感恩的态度面对生活。我们可以专注于事物的消极面，陷入消极和忧郁的漩涡，也可以选择看看什么事情进展顺利，成为一座爱与快乐的灯塔。

一个人的自尊和成功与否、社会地位高低和金钱多少不构成绝对关联，来自内在的自我肯定才至关重要。

《女性的力量》作者　费夢丽

24
"生活的秘密就在于懂得适可而止"

"生活的秘密就在于懂得适可而止。"这是父亲晚年最喜欢说的一句话，也是他去世前对我说的最后几句话之一。当时，我正考虑卖掉我的房子，换一套小一点的，这句话就是他对这件事的看法。

有点讽刺的是，父亲做了 40 年的家庭医生，最终却死于过量吸烟。这时他才学会适可而止，虽然这个教训来得太迟了，但并不影响它的重要性。它直接触及了感恩的核心，即感恩让我们觉得自己拥有的已经足够多，而不懂得感恩会让我们处于一种被剥夺的状态，在这种状态下，我们总是会寻找其他的东西来填补内心的空虚。

这就是培养"感恩的态度"在"上瘾症"康复计划中如此受欢迎的原因。正如《感恩：一种生活方式》(*Gratitude: A Way of Life*) 中所指出的："感恩与感觉充实、完整、充足有关——我们拥有自己需要和应得的一切；我们会用一种价值感来看待这个世界。"

> 无论我们的物质条件如何，最终会给我们带来幸福的是我们灵魂的丰富性。
>
> ——*Attitudes of Gratitude*

各种各样的上瘾都来自一种被剥夺感，一种上瘾者认为可以用某种物质或活动来填补的缺乏感，这种物质或活动可能会是酒精、药物、购物、性或食物等。身陷缺乏感中，只能暂时缓解需求，但不会真正感到满足，因为物质无法填满那块缺口。因此，我们会一直想要更多、更多、更多。

　　消费社会的存在，要归功于它拥有助长缺乏感的能力，会使人们永远无法感到满足。举例来说，如果我们对自己的外表感到满意，为什么还要花费数十亿美元在化妆品和整容手术上？

　　感恩的态度能让我们离开社会"跑步机"，脱离激烈的竞争。当我们对自己所拥有的东西培养出一种真正而深刻的感激之情时，我们会意识到，缺乏感在很大程度上是一种错觉。无论我们的物质条件如何，最终会给我们带来幸福的是我们灵魂的丰富性，而不是一杯马提尼酒或最新款的电子游戏。正如老子所说："故知足之足，常足矣。"

出发，到新的爱与新的喧嚣中去。

法国诗人　兰波（Rimbaud）

25
如第一次般再次结识你的所爱

我曾经参加过一场关于两性关系的会议。大多数参与者都是治疗师，他们掌握了各种详尽的理论，能告诉人们什么有助于建立良好的人际关系。

讨论过程中一位喇嘛站起来说："我知道保持爱意的秘密。很简单，你只需要想象自己刚刚认识这个人并坠入爱河。当你遇到你感兴趣的人时，他们所做的一切都是美好的。你喜欢看着他们，听他们说话。即便当他们播放你讨厌的西部乡村音乐给你听时，你也会想，'好吧，这种音乐也没有那么糟糕。'然而，随着时间的推移，你会把这个人的陪伴视为理所当然，并和他为了西部乡村音乐而争吵。所以解决办法就是再次结识你所爱的人。"

治疗师们强烈反对，表示这个任务太难了。喇嘛说："我说过这很简单，但我没说这很容易。"

我觉得这位喇嘛是对的。爱的秘密，以及为所有生命感到喜悦和感激的方法，就是像第一次经历一样去看、去听、去感受，在你办公室窗外湛蓝的天空、橙子浓郁多汁的味道、爱人柔软的双手被习惯的翅膀包裹起来之前，在你还没习惯爱人的亲切话语、悦耳笑声之前。

停下脚步，换一种全新的视角看待生活，因为心灵需要新鲜空气。

Attitudes of Gratitude ❀

我亲眼见证了丈夫如何认识到我们是多么容易对身边的奇迹视而不见。我们最初收养安娜时，总会兴奋得难以入睡，总是会看着她平静的小脸，流下感恩的眼泪。但仅仅过去了四个月，丈夫就发现自己把她的存在视为理所当然，他已经失去了对安娜被送来我们身边的感激之情。

丈夫说道："我觉得无聊了，因为日复一日，每天都是一样的。但她的本质，她的存在，在今天和四个月前，或者在四年或四十年后都是奇迹。当我回忆起这些时，我发现自己在奇迹中'睡着了'，这种意识再次唤醒了我，我的心再次充满了快乐。"

现在你是第一次凝视爱人的脸庞、第一次品尝冰激凌、第一次看到小鸟……当我们能把生活中的很多事当作第一次来度过时，就不必试着去体验感激之情了，它就在那里，是对美丽和慷慨的自然反应。

生活有两种方式。一种是好像没有什么是奇迹，另一种是好像一切都是奇迹。

爱因斯坦

26
不要让攀比和内疚损耗我们的能量

进化生物学家贾雷德·戴蒙德（Jerod Diamond）写了一本畅销书《枪炮、病菌与钢铁》（*Guns, Germs, and Steel*），一个原住民的问题："你们为什么会有这些东西？"贾雷德是从历史原因着手的，但我一直在思考的是道德和精神方面的因素。

为什么我们拥有了这么多东西？我们现在是通过努力工作来获得想要的事物，但在出生时，我们只是在生活中醒来，发现身处的环境比世界上绝大多数人所拥有的要好。在这种条件下，我们很难形成感恩的态度，也许其中一个原因是，我们的潜意识对自己拥有这么多，而别人拥有这么少感到内疚，所以想要忽视自己受到好运眷顾的真相。

我还记得自己第一次意识到这一点的时候。当时我 12 岁，正在为学校写一篇文章。我不记得我应该回答什么问题了，但在文章的最后，我写道："我是多么幸运，生活在相对富裕的国家和家庭，而不是在更为穷苦的地方。"

我不知道你会怎么想，但现在回想起这个幼稚的想法，我自己都感到很不舒服。一方面，我凭什么说自己的生活就真的是较好的？并且拥有更多的物质财富，并不意味着一定更快乐。

另一方面，这种想法让我想要忽视和否认我的好运气，这样我就不必感到内疚了，否则我就会觉得自己必须做一些重要的事情来配得上我的好运气，但没有什么能帮我做到这一点。

在这里，我只想问一个问题：在这种条件下，我们是否有可能真正、充分地感激我们被给予的一切而不感到内疚？

如果答案是否定的，那就承认我们的内疚，这就是我们需要担负的责任，这样它就不会阻碍我们心怀感恩了。

不要让攀比、纠结、自责损耗我们的能量，做你喜欢做的事情，并确定你喜欢它们。

Attitudes of Gratitude

我们能够找到一种办法让自己与众不同，无论这种不同有多么微不足道。唯其如此，我们才能在自己的世界里创造出独特之处。

《向上的奇迹》（*Mojo*）

27

自卑的年轻女孩，

没有地方存放别人给予你的一切

女儿在一次寒假期间邀请了一位大学朋友来我们家玩了一周。我做了主人通常会为客人做的事情：准备好干净的床单和毛巾、在床头柜上放了一束鲜花，问清楚了她喜欢和不喜欢的食物。

吃饭时，我礼貌地和她交谈，询问她的兴趣、家庭和梦想。一周后，她走了，没有在言语和行动上向我们表示感谢，没有留下纸条，没有回赠礼物，也没有再打来电话。

我招待她，不是为了得到她的感谢，我也没有感到失望，但是很好奇为何她会缺乏感激之情。在和女儿谈论这件事的时候，她透露道，她和这位朋友相处很困难，因为这位年轻女孩很自卑。我的继女抱怨道："我总是要花很多时间安慰她，说她看起来不错，说话很得体，还聪明又有趣。"

突然间，我明白了，这个女孩把自己看得很差劲，甚至没有注意到别人认为值得为她准备鲜花和美餐。她看不见我做的事，因为她连自己都看不见！

自卑会阻碍你获得感恩的快乐，因为你没有地方存放别人给予你的一切。

Attitudes of Gratitude

要体验感激之情，你必须意识到你得到了某样东西，无论是一头漂亮的头发、一次大溪地之旅，还是一份很棒的新工作，因为感激才是接收到礼物的人该有的反应。

如果你没有意识到你收到了一份礼物，你就不可能心怀感激，而且如果你觉得自己不值得获得这份礼物，就不可能觉得感激。自卑会阻碍你获得感恩的快乐，因为你没有地方存放别人给予你的一切。

活着的每时每刻，我们都在收到不同礼物，即使只是迎来新的一天，只要活着，我们就有价值。如果你很难看到生活中的礼物，也许你的自我概念需要加强。

在脱口秀女王奥普拉·温弗瑞（Oprah Winfrey）的一次采访中，她曾被问到，为什么尽管她面临种种困难，但她从未怀疑过自己。她的回答是，她开始意识到自己被爱，从那一刻起，她不再有怀疑。因为她是被爱着的，她怎么可以怀疑自己？

你配得上你所获得的一切。

你的幸福掌握在自己手中，请将爱的触角伸向自己的世界。

《爱自己，和谁结婚都一样》

28
爱自己，拥抱自己的独特和美

汤姆·查普尔（Tom Chappell）和他的妻子是缅因州汤姆天然个人护理产品公司的所有者。在他的广播剧《商业的灵魂》（*The Soul of Business*）中，他描述了尽管他在物质上取得了难以置信的成功，拥有一幢大房子、一艘巨轮以及一家非常成功的公司，但在 43 岁那一年，某天他突然醒来时，意识到自己与公司、与整个世界都脱节了，他开始考虑退休。

汤姆决定去神学院当牧师。在那里，他重新找到了自己的目标，他发现可以将自己深信的价值观融入公司的商业实践中，并帮助其他人将情感带入他们的工作。

如果你想让感恩的态度为你的生活增色，就必须像汤姆一样，坚持一种信念：你来到这个世界上是为了实现只有你才能达到的某个目标。你是一个非常罕见的、不可复制的个体，拥有这个世界迫切需要的才能和天赋。你越是能感受到自己的独特和美，就会越感恩自己拥有这些特殊的天赋，也就能更好地发挥这些天赋。

拥抱天赋、酷爱和技能，这将带给你成就感、灵活性和财富自由。

Attitudes of Gratitude

不幸的是，很多父母在孩子小的时候都没有培养孩子的个性，尊重孩子的天赋，或者帮助孩子认识到人生的目标，导致孩子长大后，很难全心全意地去爱自己，从而培养出一种深深的感恩之情。苏·帕顿·托埃尔（Sue Patton

Thoele）在《点亮自己的灯：关于女性精神的冥思》（*The Woman's Book of Spirit*）中，提出了以下冥思：

"如果我们把自己的心想象成一件精致的宝贝，是用最稀有轻盈的玻璃手工吹制而成，也许有助于我们意识到对自己心怀感恩的价值。这是一份超乎想象的珍贵的宝藏，无价、古老、脆弱、不可替代。它独一无二、无限珍贵，出现于时间开始之前，会永恒存在着。

"在现实中，当我们被赋予生命这份礼物时，就被同时赋予了这样一份无法解释的宝物……

"闭上眼睛，轻轻把手放在心脏上，温柔地呼气、吸气。当你觉得准备好了，请别人为你画一个象征你心灵的符号。像对待无价之宝一样细心地去看或感受那个符号。看着它的奇迹，让感恩流过你的全身，渗透到你存在的每一个细胞，对自己做出承诺，从此珍惜和欣赏自己的内心。"

在这个世界上取得成就的人，是那些会努力去寻找他们想要的机会的人，如果找不到机会，就自己创造机会。

诺贝尔文学奖获得者 萧伯纳（George Bernard Shaw）

29
在漫长的等待中，深呼吸

我认识的一位医生正在治疗一位严重中风的女士，她还患有失语症，说话困难。对此她似乎并不在意，但她的家人认为这非常不幸。

作为一名犹太人，曾经她的语言能力是一项伟大的天赋，甚至拯救了她的生命。她会说五种语言，并凭借这个成为一名翻译，在第二次世界大战中幸存了下来。战后，她搬到了美国，靠教外语养家糊口。而现在，她需要绞尽脑汁才能表达自己，而她的孩子经常跳出来"帮助"她"填词"。

　　中风还在其他方面改变了她。她曾是一个冷淡的母亲，中风使她变得非常喜欢用肢体表达关爱，她开始不断地触摸她的孩子。然而，她的家人都悲痛于她失去了说话的能力，以至于没有意识到，现在他们从她那里得到了一生都渴望得到的爱。

　　治疗师告诉他们，每当他们发现自己因为她的语言能力不足而感到沮丧时，不要试图填补她的话，而是深呼吸，通过感受她的触摸真正注意到她的爱。这样做会让这位母亲拥有说话的空间，也能让孩子懂得母亲所表达的爱。

> 在人生中最艰难时刻，我仍然要做到快乐和感恩，无条件地接受，才能使自己从所有的情感痛苦中解脱出来。
>
> *Attitudes of Gratitude*

　　这个"诀窍"的要点是，用挫折的来源作为触发点，培养一种感恩的态度。在你的生活中，有没有什么事让你觉得非常讨厌或困难？在令人烦恼的情况中，是否有一些隐藏的礼物，让你可以像这个故事中的孩子一样，专注于创造一个机会来感恩？

对于我来说，这件事就是排队。我非常讨厌"浪费"时间，我以疯狂的节奏生活着，不希望任何事情阻碍我完成每天的计划。直到最近，站在队伍中的我还是会对等待感到愤怒，会睁大眼睛，每隔几秒就会看一看手表。当我终于来到柜台前时，又不得不等待自己调整好心情，来和柜台另一边的人说话，于是我更加生气了。

由于生活中到处都是长长的队伍，最终我决定改变应对方法。我不再生气，而是决定把排队当成一个让自己慢下来的好机会。在等待的时候，我会做几次有意识的深呼吸，尽可能地释放肌肉紧张。如今，等待和以前一样漫长，但我很感激有机会可以停下来。

如果某件意义重大的事情和你的梦想有关，你就必须去完成它、捍卫它，并且必须现在动手！

《**时间管理的奇迹**》（*Procrastinate on Purpose*）

30
现在就把感激说出来，
让未来不留遗憾

我总是在某件事结束或某人离开后，才意识到自己真的很感激它们的存在，我将这种情况称之为"追溯性的感恩"。

健康的身体、爱人的微笑、一份能够发挥创造力和进行自我表达的工作，有太多东西曾被我们视为理所当然。以至于没有珍惜，等意识到这一切时，已经"太晚了"，于是追悔莫及。

后悔是最潜在的负面情绪之一，它是一剂毒药，让我们永远停留在过去。要是我能多对他说几次，我感激他给我的一切，也许他就不会离开了；要是我在车祸发生之前能更珍惜双腿就好了……要是……要是……我们的大脑在旋转，创造了一个又一个故事，告诉自己如果不那么理所当然，生活本可以更好。

人生没有如果，最好的活法就是活在当下、爱在当下、享受当下。

Attitudes of Gratitude

每当我发现自己沉浸在追溯性的感恩中时，我会做两件事。首先，我会花时间有意识地感谢那些我后来才发现自己感激的人或事。如果那个人还活着，我会通过写信或打电话向他表示感谢。如果他已经不在了，那么我会在心里表示感谢。接下来，我会认真审视自己目前的生活，审视我现在可能认为理所当然的事情。

虽然我们永远无法知道，如果当时心存感激，是否会带来不同的结果，但可以肯定的是，现在我们越是感激自己所拥有的一切，未来我们的遗憾就会越少。现在，你可以告诉你的父母、你的伴侣、你的孩子和你最好的朋友，他们对你而言意味着什么，你是多么感激他们出现在你的生命中。

遗憾让我们对上天赐予的礼物更加感激，请用感恩的态度继续面对这个世界，并承诺从此以后，都要尽可能多地表达感激之情。

> 你的内心总有一处宁静的圣地，你可以随时退避并在那里成为你自己。

诺贝尔文学奖获得者　黑塞

31
不用濒临绝境，
就能为已拥有的日常惊叹

在《一个相当好的人》（*A Pretty Good Person*）一书中，富勒神学院的神学和伦理学教授刘易斯·斯梅代斯（Lewis Smedes）讲述了他在明尼苏达州的公寓里晕倒的故事。

"那是一个寒冷刺骨的冬日早晨……"

"在医院的那几天，我几乎濒临死亡。第4天时，一位名叫恩曼的和蔼医生在我床边弯下腰，祝贺我在存活率仅为4.7%的危急情况下活了下来……"

"躺了几天之后，一天凌晨两点，我独自一人，病房里笼罩着忧郁的寂静，此时我心中突然涌起了一股狂热的感恩之情……我感谢自己能活在这美好的地球上，拥有这美好的身体，身处在此时此刻，这几乎好得令人难以承受。"

我有两条胳膊、两条腿，我在呼吸，生活真美好。

Attitudes of Gratitude

　　在为本书搜集资料的过程中，我惊讶地发现许多人都有类似的经历。我了解到车祸、癌症等危及生命的事故是如何唤醒人们，使他们明白要对生活中看似平凡的事情心存感激。每个人都沉浸在一股巨大的感激之情中，并发誓要在日常生活中怀抱感恩之心。

　　在这里，我想提出一个问题：有没有可能，此时此刻你就能发现这些极其美妙的事实：你还活着，能够呼吸，能够通过自己的感官感受整个世界，能够对陌生人微笑，能够触摸婴儿的柔软脸颊，能够抚摸你的爱人……我们不需要濒临绝境就可以沐浴在感恩带来的温暖阳光中。在任何时刻，我们都可以用全新的视角体验这个世界，并感受生命的狂喜。

想一下那些你差点失去但没有失去的东西，比如与之争吵过的一个朋友、你那辆被偷了但又被丢弃的汽车，以及你的生活。你的内心是否会因为它们还在你的生活中而自然而然地涌起感激之情？

当我表达自己的感恩之情时，我会更深刻地意识到它。同时，我的意识越强，就越需要表达它。这是一个螺旋上升的过程。

32
关注美好，美好的事
就会继续发生在我们身上

我的一位同事曾和我分享：

"我的俄罗斯祖母教会了我感恩。曾经我们家很穷，我经常抱怨没有这个，没有那个。而不论我们去哪里，她都会教导我如何感谢身边发生的一切。如果我们走在街道上，看到一个没有腿的人在乞讨，她就会对我说，'现在你应该感谢上天赐给了你腿和食物。'她这么做不是为了让我觉得我们的境遇比那个乞讨者更好，也不是为了让我感到内疚，而是为了教会我，生活里的一切都可以提醒我们自己已经拥有很多，不论我们身处何种环境，我们感谢得越多，就越有可能持续地感到幸福。"

"在青少年时期的很多年里，我都拒绝接受她的这份教导。但最近我开始注意到，我感恩得越多，生活就变得越好。当我放弃感恩时，事情就会变得一团糟。"

不断地肯定，直到变成信仰。一旦信仰变成深刻的信念，一切将开始发生变化。

Attitudes of Gratitude

很多人觉得感恩就像某种保险，仿佛感恩是为了确保美好的事情会继续发生在我们身上。对于我而言，这感觉就像是在祈祷获得一辆粉红色的凯迪拉克或一件貂皮大衣。真正的感恩是随着我们每时每刻体验到了生命奇迹，而做出的自然反应，是一种内心的富足感，与我们对未来的愿望无关。

也就是说，无论我们关注的是什么，这方面能量都会倾向于增加，这似乎是真的。你有没有注意到，如果你学了一个新单词，你会突然发现到处都能听到它。或者朋友向你介绍了蓝色半边莲，你就会突然发现到处都盛开着这种花。

为何会如此？这还是个谜题，但我认为这是因为一切都一直在我们身边。大多数时候，我们无意识选择去注意某些事物，而忽略了其他事物，因为我们无法关注所有存在的事物。

当我们改变自己所关注的东西时，就会注意到更多。科学家提出，意识会影响现实，可能有更惊人的东西在起作用。

用戴维·L. 库珀里德（David L. Cooperider）的话来说，"现实通常是通过我们预期的形象、价值观、计划、意图、信念和喜好等创造出来的。"这表明，实际上我们是通过积极意象或消极意象的力量来促成发生在我们身上的事情。

不论是哪种情况，我们越是心怀感激，令我们感激的事物就会越多。即使生活中没有出现惊喜，我们的双眼也会睁开，看到那些一直在那里的礼物。正如苏珊·杰弗斯（Susan Jeffers）所说："当我们关注丰足时，我们就会感到生活是丰足的；当我们关注匮乏时，我们就会感到生活是匮乏的。这纯粹是关注点的问题。"

每个人在每一天都面临冒险，除非我们永远扎根在一个点上原地不动。

《有钱人穷的时候都在做什么》

(The Money Saving Mom's Budget)

33
"还好，没有发生更糟的事"

有时我们所处的环境是如此糟糕，那时唯一能让我们产生感激之情的方法就是细数所有没有发生在我们身上的坏事，比如，我今天没有堵车、我还没有得老年痴呆症、今天没有发生地震等。

细数那些因为没有发生而获得的幸运，越反常，效果越好，这可以很好地提升情绪。当你向爱人或朋友列举你的清单时，你应该会感觉好很多。但这也有严肃的一面。有时，我们需要看看没有降临到我们身上的灾难，让自己从日常生活的欢乐中警醒过来。当你认真想这件事的时候，会发现：台风没有太严重不是很好吗？我的孩子虽然摔伤了，但没有到骨折不是很好吗？但这些更糟的情况确实有可能发生。

与其抱怨玫瑰上的刺，不如感激刺丛里长出了玫瑰。

Attitudes of Gratitude

我们常常因为别人的不幸，而意识到自己有多么幸运："哦，谢天谢地，生病的不是我的孩子。""我很感激失去工作的不是我丈夫。""想想那些失去家园的可怜人吧。"这样的反应是人类的天性，但如果我们不需要看到别人的悲伤，就能提醒自己看到生活中拥有的幸福，那就太好了。

反过来，如果我们每天都有意识地细数着自己的幸福，包括那些因为没有发生不幸而获得的幸福，而不是在听到别人的悲惨遭遇时才感到感激而释然，也许我们会对这些不幸遭遇真正心怀同情。

第 4 章

立即行动！
用各种各样的方式表达感恩

Attitudes of Gratitude

如何练习感恩？

用各种各样的方式表达感恩，

不只是口头上，

更重要的是行动上。

我们会真正变成一个成熟的人，

当我们可以丰富自己和周围人的生活，

我们的灵魂就会迸发出最耀眼的光芒。

最好的感恩是一种行动，行动会让世界变得更加美好。

《感恩日记》

34
承诺每天都会列出 10 件
你感恩的事情

尽管在过去的 25 年里，我一直在从事编辑和写作的工作，但我一直对一个事实感到惊讶，那就是写作是一块必须经常锻炼的肌肉。当我每天都写一些什么时，完成这件事就会相对容易一些，与马拉松运动员每天跑 1500 米起到的作用一样。

当我离开电脑好些天后再次坐在电脑前写作时，我的大脑就会像受伤归来的运动员一样不灵活。有一次，当我一个月没有写作时，我感到绝望，怀疑自己是否还能再次写作。

培养任何态度都是如此。你练习得越多，做起来就会越容易。事实上，我确信这就是乐观主义者和悲观主义者的区别。悲观主义者锻炼了空虚的内心和消极的心态，直至它们成为顽固的习惯，而乐观主义者培养了感恩之心和积极进取的态度，直至它们成为第二天性。我们可以选择自己想要强化的肌肉。通过练习，我们可以成为生活游戏中充满欢乐的参与者，感恩地做自己，享受游戏的纯粹乐趣。

当提到切切实实练习感恩的人时，我马上就会想到佩里斯。她有时会突然打电话给朋友，感谢他们出现在自己的生命中。她来自一个克罗地亚大家庭，家里有很多古怪的叔叔和滑稽的阿姨，很多人都会逃避这样的家庭。但听她讲家庭故事的时候，你会开始像她一样欣赏家里古怪的家庭成员。有次我想打电话问她关于感恩的事。电话没有接通，她也没有马上给我回电话，当她终于回电话给我时，她说，我的来电提醒了她，她最近并没有心怀感恩，她很感激我提醒了她。

像佩里斯一样，你必须经常练习感恩，否则这块肌肉就会萎缩。培养感恩的肌肉和锻炼其他肌肉一样。一开始你会觉得这很奇怪，很尴尬，甚至很难做到。但如果你每天都坚持练习，很快你就能不假思索地做这件事了。

> 每天写下一件值得感激的事，就足以
> 改变我们对其他事情的态度。
>
> *Attitudes of Gratitude*

　　创造一些日常仪式真的有助于练习感恩，你可以写感恩日记，或是在开车上下班的路上思索你感恩的一切。只有你自己知道什么方式最适合你，或许是在电脑上记录下来，在漂亮的笔记本上书写下来，又或者用车里的录音带录下来。无论你选择哪种形式，都要承诺每天都会列出 10 件你感恩的事情。很快，做这件事就会成为你的第二天性。

　　我的清单开头几项是：

　　　　我没有遭遇堵车；　　我的电脑一切正常；

　　　　我的孩子很健康；　　我要出门时雨停了；

　　　　我晚餐吃到了牛排；　　我的房子温暖干爽。

当你在生活中徘徊时，无论你的目标是什么，都要看着整个甜甜圈，而不是它中间的那个孔。

芝加哥五月花咖啡馆里的标牌

35
纵然面临最糟的事情，
也能找到感恩的理由

伊扬拉·文扎特（Iyanla Venzant）是《信仰的行动》（*Acts of Faith*）、《有一天我的灵魂打开了》（*One Day My Soul Just Opened*）等励志畅销书的作者，她的人生经历就是一个典型的白手起家故事。

她曾靠领取社会福利金维持生活，直到大约 40 岁时，她的生活才开始发生转变。她说，是感激之情让她能够坚持下来："我对一切心怀感恩，不论是无家可归，还是坐在价值 50 万美元的房子里。"

这位非凡的女士点明了一个与感恩有关且非常重要的点，那就是"不论发生什么"我们都可以心怀感恩。

或许你的朋友正奄奄一息地躺在医院里；或许当你读这本书时，有数百万人正在挨饿；或许你的生活中还有很多困难和问题在考验着你，但你不能等到一切都变好了才心存感激，否则你可能永远也体会不到感激之情。

即使最糟糕的事情发生了，你依然可以继续前行，找到感恩的理由。

Attitudes of Gratitude

正如刘易斯·斯梅代斯所说："这个世界是弯曲的，不伴有阴影的快乐是不存在的。"所以我们必须在快乐飞过时抓住并亲吻它，悲伤或痛苦时也要如此。我并不是说我们应该否认痛苦，只是觉得无论怎样都不能让痛苦蒙蔽我们的眼睛，以至于不能发现生活中的美好与奇妙。

其实问题在于你选择把注意力放在哪里。尝试做一做下面这个实验：选择一天，在上午每小时的整点停下来，留意在这段时间里有哪些事情进展不顺利，例如，天气阴沉而寒冷；交通堵塞，导致你上班迟到了；你的老板抱怨你辛辛苦苦做的项目完成得不够好。

然后，在下午每小时的整点停下来，留意有哪些事情进展顺利，例如，太阳出来了；一位很久没有联系的老朋友突然打来了电话；你写了一封很棒的推销函。

你觉得在这一天中，自己是在上午更有活力，还是在下午更有活力？

寻常的日子，让我意识到你有多么的珍贵。让我向你学习，爱你，在你消失之前祝福你。

36
让我们的眼睛再次看到
平凡中的奇迹

感恩平凡是非常难的，除非与艰难或具有挑战性的事物做对比。当我身体好时，我会把眼下的身体状态视为理所当然。但病愈后却会对身体逐渐恢复良好的感觉充满感恩之情，我的头不痛、喉咙不痛、肌肉和关节不会像灌了铅一样沉重。

此时，我的身体和没有生病前完全一样，但我不再把这种感觉视为理所当然，而是终于意识到这种身体健康的感觉有多么难得。

有一些人是在死里逃生、濒临破产，或者遭遇了任何能让我们摆脱自满，意识到平凡地活着是个奇迹的事件后体验到这种感觉的。而我们要学习的是如何在没有生病、没有受伤、没有破财的情况下拥有这种意识。

方法之一是选择一项平常的任务，一件你每天都做的事情，然后决定在今天，你将有意识地去做它。它可以是任何事情，比如洗碗、切菜、铺床。这回，你不是一边做这件事，一边想着晚餐吃什么，或者你对那个堵住路的司机有多生气，你要关注这件事本身，而不是让自己处于意识流状态。去留意吸尘器发出的嗡嗡声，去感受手中棱纹软管结实而柔软的感觉，去观察白色的狗毛在木地板上的样子……越具体越好。

这种练习非常有助于培养我们对普通事物的感激。正如里克·菲尔德（Rick Field）所说："无论我们在做什么，不论是做饭，还是打扫卫生，当我们专注于这件事时，一切都会改变……我们会注意到以前从未留意的细节，每天的生活会变得更清晰、更敏锐，同时也更开阔。"我们的眼睛会再次看到平凡的奇迹，我们的内心会充满喜悦。

幸福的三要素是有事可做，有事可爱，有事可期待。

37
问一问自己真正需要的是什么

我的一位朋友最近健康出了问题，她决定卖掉乡下又大又漂亮的房子，搬到城里的一间小公寓住。对于她来说，住在小一点的房子里，靠近公共交通，会更容易管理日常的基本生活，经济压力也会小得多。但她发现自己很难放弃那栋大房子里所有的美丽属性，特别是自从她发现自己的预算不允许她购买某些设施后。

她向我吐露道："昨天，我发现自己无法拥有梦寐以求的法式双开门了，它们太贵了。一开始，我感觉这很糟糕，

但后来我问自己，说实话，你需要法式双开门吗？答案当然
是否定的，于是我感觉好多了。"

　　当我们关注真正需要，而不是喜欢或想要的东西时，生
活就会变得简单很多，我们也更容易心存感激。因为归根结
底，我们真正需要的东西并不多。我们需要一辆樱桃红色的
吉普车吗？需要去异国旅行吗？需要一台电视机吗？需要一
个花园吗？需要和家人在一起吗？需要一份能给你目标感的
工作吗？

> 到了一定的状态，人生的幸福便不再
> 是做加法，而是做减法。
>
> *Attitudes of Gratitude*

　　环顾四周，弄清楚自己需要拥有什么才能感到快乐，你
会发现，这份清单并不长，其中可能包括食物、住所、休息、
爱的人、做一些有意义的事情，仅此而已，其他所有东西都
是欲望。但我们就是想要，比如，我认为自己最"需要"的

就是一个按摩浴缸。我每天至少会用一次，常常会用两次，按摩浴缸可以为我的身体状态和情绪稳定带来很大的帮助。但多年前我没有按摩浴缸时，过得也不错，所以仔细想想，我不得不说这不是真正的需求。

当你想要某样东西时，就问一问自己，"我是否真的需要它？"这对培养感恩的态度非常有帮助。现在，每当我有想要某样东西的念头，又为无法得到而叹息时，我都会问自己："我需要这样东西才能感到快乐吗？"答案常常是否定的。你也来试一试吧。

当我们的情绪受到限制时，我们常常不知道自己真正想要的是什么，所以即使是做很小的决定都会非常纠结，不断挣扎。

《不原谅也没关系》（*Complex PTSD*）

38
给伤害你的人写一封不会寄出的信

没有什么比愤怒和怨恨更能阻碍我们心怀感激了。这就是为什么做感恩练习时我们需要去原谅。当我们为父母的辱骂、自私、冷漠、酗酒或忽视感到愤怒时，我们会无法感激父母给予我们的一切。当我们为被背叛感到受伤，为被欺骗感到愤怒，为被抛弃感到悲伤时，我们也无法接受一段已经结束的关系所带来的礼物。

当这些强烈的负面情绪存在时，试图强迫自己心怀感恩只会加重伤害。我们的确受到了伤害。首先，不要再否认自己的伤痛，我们需要承认自己的委屈，为失去的一切或受到的伤害而感到悲伤，再让自己获得治愈。

接下来，我们需要从情感上决定原谅。因为只有原谅才能让我们从受害者的立场中走出来，自由地继续前进。而且只有你能决定是否原谅，没人能说服你去做这件事，也没人能替你做这件事。

其实怨恨是一种间接的情绪，是对从未表达过的潜在情感的一种掩饰。因此，做一个名为"伤害报告"的练习会很有用。

给伤害你的人写一封不会寄出的信，在信中写下他的伤害对你造成的影响，要写得尽可能详细，不要隐瞒什么。写完后再设定一条边界，比如：如果有人辱骂我，我会起身离开这个房间。这将帮助你建立信心，相信自己在未来能保护自己免受这样的人或环境的伤害。然后在纸条上写几句话，原谅自己之前没有设定明确的边界，感谢对方让你学会了如何设定边界，然后这类事情就不会再发生了。

如果你真的花时间去充分表达你的需求和痛苦，陈述你的新边界，你很有可能会开始感激受伤教会你的一切，并开始为自己挺身而出、对他人更友善或停止喝酒等。在某个时刻，你会意识到，正因为受到了如此严重的伤害，所以如今你成了一个更好、更坚强、更有爱的人，你会认识到自己的痛苦中蕴含着礼物。在那一刻，你会从受害者变成胜利者，然后从胜利者变成受人尊敬的领袖。

> 正因为受到了如此严重的伤害，所以如今你成了一个更好、更坚强、更有爱的人。
>
> *Attitudes of Gratitude*

原谅会带来感激，这不仅仅是一般意义上的感激，而是在一场美丽的治愈中，对最初造成痛苦的事情流露出感激之情，是我们的苦难得到了救赎。

在任何大自然的事物中，都能找出最甜蜜温柔、最天真和鼓舞人的伴侣。

《瓦尔登湖》

39
像孩子一样对生活感到惊奇

女儿1岁时我第一次带她去了动物园，当看到大象时，她瞪大了双眼。当我第一次挖冰激凌给她吃时，她欣喜若狂，小小的身体扭动着，眼睛闪闪发光，露出了灿烂的笑容。

大象确实是一种神奇的生物、第一千次吃到的冰激凌和第一次吃到的其实一样美味。但我们已经不会感到惊叹了，所以无法像孩子那样欣赏大象和冰激凌。

在惊叹方面，孩子才是我们的老师。惊叹是一种自然的状态，当我们对生活感到麻木时，常常会遗失这种状态。惊叹是愿意对生活中的美妙事物感到惊奇，而感恩来源于惊叹，为了练习感恩，我们需要对生活感到惊喜，比如一次壮丽的日落、一次舒适的背部按摩、一个问候的电话，或者一个陌生人的善意。而成年人的问题是，我们会厌倦，总是会心想：哦，是的，又一次美丽的日落，又一次美妙的晚餐，又一份生日礼物……

> 当我们放慢脚步，仿佛自己是第一次感知周围的世界时，我们每时每刻都能遇到奇迹。

Attitudes of Gratitude

我们可以在任何时候重获对生活的惊奇感。我们需要做的只是打开我们的感官，重新感知这个世界。先尝试一分钟：

听听你周围的声音，也许有一架飞机正从你头顶上方飞过。飞机能在天空中飞翔，这不是很神奇吗？

空气中有些什么气味？我能闻到茉莉花的香味。有那么多种花，而且它们都拥有如此独特的香味，这不是很奇妙吗？

现在转向你的视觉。真正注意你周围的事物，比如，木门上的纹理、白色书页上的黑字、果盘里亮黄色的香蕉。你能看见它们，不是很玄妙吗？是否每个人都能像你一样看到黄色，思考这个问题不是很有趣吗？即使香蕉生长在千里之外，你也能吃到它，这不是很神奇吗？

当我们放慢脚步，仿佛自己是第一次感知周围的世界时，我们每时每刻都能遇到奇迹。当我们遇到奇迹时，就会对生活中最普通的非凡之事心存感激。

贫穷的本质，不是不能或者不想改变，而是认知限制了改变的可能。

《**财富流**》（*The Millionaire Master Plan*）

40
利用"嫉妒"的出现，
重新投身于整个世界

不久前的一天，我开车回家的时候，在收音机里听到，随着股市上涨，那些握有股票期权的公司老板收入也在上涨。迪士尼的老板赚了 1 000 万美元，洛杉矶的另一位企业家赚了 4 500 万美元，他们还不是比尔·盖茨（Bill Gates）。我感觉自己的血液都因嫉妒而变绿了。

我拥有一个美好的、充满爱的家庭，有着亲密的朋友，漂亮的房子，健康的身体，原本我对自己的生活心怀感恩，但此时这些感恩之心都飞到了九霄云外。我心想："只要我能拥有其中的 100 万，我的生活就会很幸福了。"

事实上，幸福是内在的，在满足生存需要之后，金钱的多少与幸福感几乎没有关系。但是大多数人都相信金钱可以买到幸福。

几年前，我读到一项研究，研究者询问人们，他们认为自己需要拥有多少钱才会感到幸福，人们的回答令我感到震惊。不论收入多少，每个人都认为他们需要更多的钱。年收入 2 万美元的人认为达到 3 万美元会觉得幸福；年收入 4.5 万美元的人相信 6.5 万美元是得到幸福神奇的数字；年收入 10 万美元的人则确信，年收入达到 20 万美元时就会觉得幸福。

随着人们收入的增长，他们眼里的神奇数字在呈指数增长，这证明，通过投喂，"黑洞"只会不断扩大。我意识到，人性总是渴望得到更多，并且嫉妒拥有自己想要东西的人，而应对这种特质的唯一方法就是承认这种渴望的存在：哦，你又出现了。然后，把我们的注意力转回到重要的事情上。

以下是一项应对嫉妒的练习。请穿一件有两个口袋的衣服，在一个口袋里装满零钱，另一个口袋空着，然后穿着这件衣服度过一天。每当你发现自己嫉妒某人时，就往空口袋里放一枚硬币，然后问自己："我在那个人身上注意到了什么，我想在自己身上找到什么？"如果你身上没有那种特质，你是不会在别人身上注意到它的。是钱吗？是自由吗？是有机会吃喝玩乐吗？是安全感吗？不论那是什么，比如更多的安全感、自由时间、吃喝玩乐，你都可以获得更多，不论你所处的环境如何。

> 我不能阻止"嫉妒"的出现，但我可以利用它的出现，重新投身于整个世界，奉献自己。
>
> *Attitudes of Gratitude*

我可以选择花时间去嫉妒比尔·盖茨，或者一个因富有的丈夫会为家庭提供所需的一切而不用工作的家庭主妇，又或者一个刚从母亲那里继承了一大笔遗产的人，但我也可以开始了解自己真正渴望的是什么。

这次的嫉妒让我想起了 19 世纪和 20 世纪初最有名的女演员莎拉·伯恩哈特（Sarah Bernhardt）的话："生活会产生生活。能量会创造能量。一个人只有通过消费，才能变得富有。"

我想更好地奉献自己，那样的话，不论我拥有的物质条件如何，我都将体验到一种真正的富足感。我不能阻止"嫉妒"这只绿眼怪物时不时地抬起它丑陋的脑袋，但我可以利用它的出现，重新投身于整个世界，奉献自己。这种完成灵魂使命的充实感比任何陈腐的百万美元纸币都要更好。

在我看来，我们总是闷闷不乐地拒绝我们已经拥有的美好，因为我们当时期待的是别的美好。

41
停止抱怨，
不在外界的人和事上寄托太多期望

我认识的最不知感恩的人是一个上了年纪的女人，她看不到生活的美好，总是因为生活没有朝着她想要的方向发展而感到愁苦。

她有一个可爱的、带花园的家，有健康、聪明、成功的孩子，有一段五十年的婚姻，也有存款和健康的身体，可以去旅行。她的直系亲属中没有人患过重病，她从未体验过贫穷和匮乏。从各种外在的标准来看，她都享有很多美好，有许多可以感恩的事情。

然而，她完全看不见自己拥有的一切，因为这些与她所期望的并不相符。她觉得孩子们住得不够近，来探望她的次数不够多，婚姻也不如她所想要的那么充满爱意，她还希望拥有更多的钱。她的不知感恩是一个自我实现的预言，她抱怨得越多，就越孤独，因为她的朋友和家人越来越厌倦听她抱怨了。

对于我来说，这位女士是我练习感恩的一位重要老师，她的例子生动说明了期望可能会制造盲点，让我们看不到生活中真正的幸事。期望是感恩和快乐的杀手：如果你期望住在泰姬陵，你就会感觉自己舒适的小屋很糟糕；如果你期望儿子成为一名医生，你就不会认可他是一名优秀的按摩师；如果你总是想着没有宝马很悲惨，那么你那辆可靠的但带有锈斑的丰田就只会给你带来痛苦。

对未来抱有希望和梦想很重要，同样重要的是要有目标和计划，引领我们走向未来。但需要小心的是，不要让这种想象妨碍我们欣赏自己在此时此地拥有的东西，不要因为渴望神话般的完美生活，而错过了现实生活的美好。

如果我们期望外界的人或事让我们快乐，我们就会失去内心的力量。事实上，我们不能指望任何人、任何事，我们只能指望自己拥有应对所有事情的能力。

练习"不论如何"可以中和这种从外部寻找快乐的倾向。在进入一个环境之前，先问问自己："不论发生什么，我都能在这里学到什么、完成什么或体验到什么？"

假设你要做一场演讲，你很担心别人的接受度。那么你的"不论如何"可以是："不论如何，我都想在演讲时体验到平和的感觉。当我看着观众时，我会记得呼吸，注意到我的内心是平静的。"在这之后，不论发生了什么，或许人们看起来很无聊，或者没有人上前感谢你，但你仍然可以认可自己，因为你履行了承诺，体验到了平和。

当练习"不论如何"后，我们就不会再被外界期望所束缚，而可以自由地选择要专注于做什么来让自己感到快乐。

感恩是心灵的记忆，因此，不要忘记常说："我拥有我所享受的一切。"

42

随时打开你的"宝藏记忆库"
舒缓坏情绪

有时，生活是如此艰难，如此痛苦，我们根本不可能对发生的一切心存感激。这时，如果你拥有一个装满了满足的池子、一个存满了快乐记忆的仓库，那么当你的灵魂在暗夜中前进时，就可以打开并依靠它们给自己充电。

美好的记忆并不只是在真正艰难的时候才有用。它还有助于缓和日常生活中的小碰撞和小故障，尤其是在人际关系中。例如，当我被丈夫说的话惹恼时，如果我能想起昨天工作时他给我带来了一块蛋糕作为惊喜，我的恼火就会被伴随而来的感激之情融化；当你发现自己因为同事没能在截止日期前完成任务而感到生气时，心怀感激地回忆他过去为你做的一切，你就能仁慈地原谅他犯的错。

美好的记忆使我们不会失去自己的视角，不会太过专注于此时此地的困难而忘记我们在生活中获得的更大的馈赠。我并不是指我们应该否认痛苦或忽视生活中的问题，我只是认为我们可以通过回忆那些自己感激的时刻、感恩的人和事，用快乐、平和来缓解此时此刻的坏情绪。

回顾过去，你生命中最感激的事情是什么？留意你看到这个问题时自然而然就会想到的那些事。这些都是你最幸福的时刻——孩子出生、从重病中康复、阳光从某个角度照进卧室，不论它们是什么，都是你在需要的时候可以随时拿出来享受的宝贵时刻。做这个练习不需要你列出一份具体的清单，而是希望你可以注意到一直以来真正伴随着你的是什么。

心静，灵魂才能更清楚地看清前路，分辨善恶、认清真假，并抵达澄明之境。

圣雄甘地

43
"静止点"练习：
停下来，记住此时此刻

练习感恩需要你慢下来去注意到正在发生的事。如果你匆匆忙忙地度过一天，就很有可能忽略身边的美好。不论身处何种环境，我们都可以慢下来，去注意并感谢我们的呼吸、即将要吃的食物、正在读的书、陌生人的友善等。

当我们花时间向周围的世界打开感官时，就不会错过流星、改变生活的话语，以及小小的蓝色紫罗兰……我们的生活将因周围的美好而变得丰富。

我们曾被无数次提醒要停下脚步，闻一闻玫瑰的芬芳，但我们听到后很快就忘记了。那么到底如何才能促使我们真的这样去做呢？

诀窍是把日常生活中的事情作为触发点。大卫·冈得斯在《生活，该适可而止》（*Stopping*）一书中，建议练习"静止点"，即在"生活中未被填满的时刻"非常短暂地停下来，比如在等待微波炉加热咖啡的时候、排队的时候、从一个约定地点走到另一个约定地点的时候、车子在红灯前停下来的时候。不论你是坐着还是站着，都可以停下来，呼吸，然后记住此时此刻。

> 注意力集中在呼吸上，渐渐地，压力就像烈日下的冰山一样慢慢融化，我感到前所未有的镇定与轻松。

Attitudes of Gratitude

停下来，留意吸气和呼气，并且记住此刻的感受。这种记忆可以成为一条强大而重要的信息，即你被爱着，你的内心充满了平静与快乐，你有足够的时间去做必须做的事情，你可以在这一刻注意到周围的世界。如果你想增加你的感激之情，或许你可以向自己传达这样一条信息："我注意到了此刻我身边的美好。"

大卫·冈得斯建议，每天做多次静止点练习，以增加内心的平和感、觉知感。

什么触发点最有效？最有效的触发点是会让你暂停下来，且每天会经历几次的事情，比如红灯或上厕所。其实选择什么作为触发点并不重要，重要的是现在就开始练习。

如果你感到大部分同事都理解你、关心你，那即使身处庞大的工作团队也没什么关系。

《恰到好处的亲密》

44
"关注价值"：欣赏好的方面

在任何亲密关系、工作环境或其他体验中，我们仿佛都接受过良好的训练，能够注意到什么是错误的，却很容易忽略什么是正确的。

这并不奇怪，因为从小到大的教育成长中我们都在被训练注意缺陷和错误：

⊙ 在学校里，错误的答案会被标记出来，而正确的答案则不会；

⊙ 在亲密关系中，我们会花费大量的时间、精力
和金钱解决问题；

⊙ 在工作中，我们研究失败和错误，寻找隐藏的
线索，以防止它们再次发生。

但如果反过来，会如何？

⊙ 如果每次考试我们的正确答案都被标记出来，
现在我们会是什么样子？

⊙ 如果在亲密关系中，我们在寻找和处理问题的
同时，花同样多的精力关注和欣赏对方的天赋
和才能，以及这段关系本身的优点和美好，会
如何？

⊙ 如果在工作中，我们在分析问题的同时，也花
同样多的时间去观察进展顺利的环节，以及思
考如何让更多的环节进展顺利，结果会怎样？

正如琼·博里森科所说的"关注价值"——注意和欣赏那些不需要治愈的东西，是建立情感联结、培养创造性思维和克服障碍的一种非常强大的工具。在一次办公室静修活动中，我深刻地看到了这个事实。那一次，我们夸奖了在科纳里出版社工作的员工。规则很简单：每次只关注一个人，愿意的人都可以说出自己对眼前这个人的欣赏之处；大家自愿发言；任何人不可以打断或插话；被评论的人必须不加评论地听取别人的发言。

我们为这个练习预留了一个小时，最后我们只夸赞了三个人，因为我们对每个人都有太多话想要说。大家时而大笑，时而哭出了声。到活动的尾声时，我感受到了强烈的情感联结和团队精神。第二天，我们又一起回想了一些我们有过的非常好的图书打造点子。我仍然清楚地记得大家说的话。

你可以在任何小组中做这件事，比如工作小组或自己的家庭。这是我做过的最神奇的事情之一，我真的鼓励你去尝试一下。

如果连着几天我都不为接下来要做的事情感到幸福，那我就知道，是时候做出改变了。

苹果公司创始人　史蒂夫·乔布斯

45
遇到弯路时，不要急着否定

我曾经和一群人一起学习，他们相信生活是一种能主动对个人起作用的力量。他们认为，每个人都有三个影响圈：你、其他人和生活本身。这三者是相互联系、相互渗透的，就像你影响着周围的人，同时也被他们影响一样，生活也在影响你和被你影响。

我觉得这个想法令人感到安慰。因为如果这样想，那么在这个不论我愿不愿意，都会给我带来麻烦的冷漠、随机的世界中，我就不会感到孤独，通过感受生活与我之间存在的双向关系，我可以获得一些安慰。这也可能意味着，某些事物出现而其他事物不出现是有原因的，这会让我更容易对生活中发生的事情感到满足，而不会总是渴望获得别的东西。

培养这样的满足感很重要，因为生活总是会让我们遇到弯路：我们想要一只波斯猫，但一只流浪狗蹲在了家门口；我们想要一个孩子，却被不孕所困扰；我们想要获得那份极好的工作，却被淘汰了。除非欣然接受生活中出现的一切，否则我们将永远无法从生活试图带给我们的教训中获得益处：我们将永远不会爱那只流浪狗，永远不会收养一个孩子，或者去寻找一份更好的工作。

> 过去无法更改，更重要的是你在未来需要做些什么，才能有效杜绝错误的再现。

Attitudes of Gratitude

只有对现状心存感激，我们才会感到满足，而正是对现状感到了满足，我们才能在当下感到快乐，并接受生活为我们准备的任何东西。

尝试做下面的练习一个星期。在日常生活中，每当遇到你认为不顺利的事情时，问问自己："如果发生在你身上的每件事都是好的，这怎么会合理呢？"和妈妈吵架、遇到了小交通事故、感到背痛，这些事情好的一面是什么？不用否定事情不好的方面，但问问自己，这件事的作用或背后蕴含的需求是什么？

也许发生争吵的好就在于你正在学习说"不"；也许遇到小交通事故是一个警钟，提醒你最近压力太大了；也许背痛是在提醒你，身体需要得到锻炼了。理解这些事情背后蕴含的信息，下次就不会再发生同样的事了。

练习一个星期后，反思你的经历，在寻找事物好的一面之后，你发生了什么改变？

随着不断探索疼痛背后的深层原因，你不仅能治愈身体疼痛，还能治愈生活中的心理创伤。

《轻疗愈：敲除疼痛》

（ *The Tapping Solution for Pain Relief* ）

46
看见"痛苦清单"中蕴含的祝福

感恩是一种全身心的体验。只对发生的好事心存感激而避开坏事，这是欺骗。

我并不是指我们要希望坏事发生在自己身上，我只是认为如果在遇到困难时，我们能对蕴含在其中的道理心存感激，那么我们的灵魂就能成长和成熟。否则，我们永远不会进步，因为我们没有利用那些折磨着我们的苦难使自己变得更有爱、更善良、更耐心、更活在当下。

这个世界上我最敬佩一种人，他们面对的最艰难的事，比如癌症、孩子的死亡、破产或失业等，都是他们最伟大的老师，他们对学到的一切心存感激。

我一直在面对的困难是慢性疼痛。我在大学四年级的时候弄伤了后背。那是我的身体第一次背叛我。在那之前，我一直认为自己的身体只是一个方便的容器，可以把我的大脑带到任何它想去的地方。但是突然有一天，我动不了了，最终，在床上躺了一年多。我不得不开始关注自己的身体。

如今已经过去 20 年了，我的背一直是我最伟大的老师之一，让我学会了忍耐和接受生活的无常。

⊙ 我懂得了运动的价值，我的身体总会对我说："没时间做那些无聊的背部运动吗？那我就给你一点颜色看看！"

⊙ 我学会了不能强迫自己超越身体的极限，但往往会等到超越了极限才意识到这一点。

⊙ 我懂得了，即使把每件事都做"对"，也不能保证自己不会再感到痛苦。

⊙ 我学会了要放下想要变得更好的愿望，懂得了，

即使什么都做不了，我也依然实实在在地活着。

现在，从理论上来说，我可以通过其他方式学习生活的道理，我也已经在这样做了。但这些感悟是我从长期的疼痛中学会的，我很感激自己能学到这些。

> 这个世界上我最敬佩一种人，他们面对的最艰难的事，都是他们最伟大的老师。
>
> *Attitudes of Gratitude*

现在，写下曾发生在你身上的最艰难的或最可怕的十件事。当你浏览这份"痛苦清单"时，你能看到每件事给你带来的礼物吗？

当你遭遇某种困难，而且看不见其中蕴含的祝福时，可以这样祈祷："我想看到蕴含在这段经历中的礼物。愿这些教训被揭示在我面前，愿我变得更强大、更敏锐。"

培养感恩之心的最佳方式，就是让孩子亲身体验，深刻感悟生活。

《感恩日记》

47
提醒和帮助孩子们细数感恩

许多人忽视了要教孩子学习如何感恩，因此，成长起来的年轻一代似乎有一种过度膨胀的权利意识，阻碍了他们产生感激之情。

我认为，忽视了要对孩子进行精神指导这个重要任务，也许是因为我们在童年时听到了太多的"应该"。我们中有多少人的父母曾告诉过我们应该吃掉眼前的豌豆，因为"亚美尼亚和印度的儿童正在挨饿"？又有多少父母曾告诉过孩子"应该"心存感激，因为他们有一辆自行车、有跑鞋、有一间可爱的卧室，而世界上有许多孩子除了泥土一无所有？就像我之前提到的，这样的言论只会让人感到内疚，而内疚会让我们想要逃避任何能引发这种感觉的事物。

我们知道什么不利于培养孩子感恩的态度，但什么有利于培养感恩的态度呢？那就是教孩子关注价值，有意识地细数自己获得的恩赐，不要令他们感到内疚。

在帮助孩子做家庭作业时，如果他们在某些方面遇到了困难，你可以把任务分成几个部分，让他们把已经知道怎么做的部分完成。

感恩，是最深情的教养。感恩提醒我们人生并非尽在掌握，我们随时可能需要帮助，我们也很脆弱。

Attitudes of Gratitude

"现在，你需要写一篇关于新墨西哥州印第安人的生活报告。你很擅长寻找信息的来源，也很擅长大声描述你读过的内容。也许你可以先读一读这本书，然后大声讲给我听，我们可以把你说的内容录下来。这样你就可以跟着录音把这部分内容写下来，这份报告也就完成了。"提醒孩子他们擅长什么，孩子就会开始关注自己的长处，并开始想办法利用这些资源。

建议你每天晚上进行以下的睡前仪式。睡前留出至少3分钟的时间，让孩子告诉你一件他们做过的感激自己的事，还有一件别人做过的让他们感激的事。

如果孩子想不出感激自己的事，你可以提醒他们，例如上面提到的，在做家庭作业时，孩子发挥了自己的长处，顺利完成了任务。你不在家时，就让你的伴侣或保姆带着孩子进行这个仪式。

父母越是能够帮助孩子关注他们感激自己和周围人的事，孩子的内心就越会充满乐观、希望和快乐。

正向力是我们对当下正在做的事情，所抱持的一种由内向外散发出来的积极的精神。

《向上的奇迹》

48
"献出这一刻"：让正能量穿越时空

感恩有一个奇妙的效果，那就是会想要把快乐传播给周围的人。你意识到自己得到了一件美妙的东西，在一种内心自然而然产生的满足感中，你会想要给予。有各种各样的方式可以做到这一点，从自发的善举，比如让一辆试图插队到你前面的汽车开进来，到有计划地进行慈善捐赠。

我也有自己喜欢的给予方式，我把它称为"献出这一刻"：当你全身心地享受某件事，并为能享受它而心怀感激时，你就把那一刻的正能量传递给需要的人。我见过有人给瘫痪的人跳舞，给他们送去快乐的时刻；有人给在监狱里受苦的人送去自由的时刻；有人给被虐待的人送去自我表达的时刻……

任何你感激的积极经历都可以帮助你传递能量。在工作的时候，我总是会让朋友给我发一些他们躺在海滩上的照片，也总是会把自己从有意义的工作中体会到的感激之情传递给那些做着吃力不讨好的无聊工作的人。

"献出这一刻"的运作原理是：所有的生命都是相互关联的，我发生的事也许会以某种方式影响你。这很像为某人祈祷，做这件事产生的正能量实际上可以影响他人的健康和幸福。

正能量穿越时间和空间产生的影响还未得到充分的研究，科学家也还未完全接受这个假设。但我们需要等到获得充足的证据之后再去尝试吗？毕竟，这样做肯定不会造成伤害，如果我们能够通过自己的感激之情让别人变得更好，那不是一件绝妙的事情吗？

活着就是一种祝福。活着就是神圣的。

20 世纪神学家和犹太哲学家

亚伯拉罕·赫歇尔（Abraham Herschel）

49
感谢自己身体的每个部位

这项练习对于女性来说尤其困难，因为女性与身体之间关系充满了困难和不满。媒体强调女性外表，强化了女性想要达到的理想形象，以至于几乎没有哪个女性能毫发无伤，即便有人碰巧符合这个理想形象。

饮食失调、整形手术、在化妆品和衣服上花费数十亿美元——我们都知道女性为此付出的代价。而且所有迹象都表明，这种痴迷正在向男性蔓延，比如小腿肚和肱二头肌植入、植发、面部拉皮，以及用类固醇来增加肌肉量。

第 4 章　立即行动！用各种各样的方式表达感恩

摄影师弗朗西斯·斯卡武罗（Francis Scavullo）的一本书帮助我克服了这个问题。他拍摄了世界上许多美丽的女性，并把这些照片收录在书中。在这本书里有一个又一个令人惊叹的美丽女性，旁边还有这些女性对自己的评论。没有一位女性对自己的长相感到满意，每个人都在抱怨一些自己不满意的地方：鼻子太大、头发太细、嘴太宽……从那时起，我下定决心不再对自己的外表感到不满，如果世界上最美丽的女人都无法对自己的外表感到满足，那就没有人能感到满足了，所以我不妨放过自己。

事实上，无论外表如何，我们都被赐予了能够维持生命的身体，仅这一事实就值得我们心怀感恩。

我的朋友安迪·布吕纳（Andy Bryner）最懂得如何感恩自己的身体。安迪做瑜伽时，会特别感谢身体的每个部位完成了他试图完成的动作。

例如，伸展双腿时，他会说："谢谢你，我的双腿，今天早上我去冲浪时，你把我托得那么稳。我很感激你能如此伸展。也许有一天你会无法伸展到这个程度，所以今天，我真的很享受你为我带来的一切。"

当他伸展身体时，他会依次观察每一个部位，留意那天他的身体为他做了什么，以及此刻它能做些什么，而不是希望自己的身体能是另一副模样。

你在下次锻炼的时候可以尝试同样的方法，也可以在某个晚上躺在床上做这项练习。依次感谢身体的每个部位，里里外外，感谢这副肉身，感谢你的肾、肝、肺、胃、手臂、眼睛、脖子、脚趾。想想每个部位都做了什么，它们的表现如何。

不管取得多么值得骄傲的成绩，都应该饮水思源，应该记住是自己的老师为他们的成长播下了最初的种子。

居里夫人

50
大声向你最好的老师表达你的尊敬

在你的人生中，你从谁身上学到了最多？四年级时的老师？大学时期的一位教授？治疗师？朋友？伴侣？还是以上所有人？

不论我们是谁，做过些什么，就像网球巨星奥尔西·吉布森提醒我们的那样，一路上我们总会受到一些人的帮助，有人适时地说了一些鼓励的话，有人提供了见解帮助我们摆脱了困境，有人为我们提供了启动所需的资金。当今的文化是如此鼓励个人主义和竞争，以至于我们很容易忘记，如果没有别人的帮助，我们真的什么也做不成。

有时帮助并不会以我们所希望的方式到来，也许你最好的老师就是那些给你树立了反面榜样或者给你设置了巨大障碍的人。

> 哪怕生活困难重重，当下也永远是我们学习、成长的最佳时机。

Attitudes of Gratitude

最好的老师不一定是人：有些人从动物身上学到了许多，一些人则是在巨大的挑战中学到了许多，比如身体残疾或疾病。例如，哈尔·埃尔罗德（Hal Elrod）曾经两次濒临死亡，一次是在车祸后"临床死亡"6分钟，一次因为罕见的癌症，但他在人生最低潮时领悟出"S.A.V.E.R.S. 人生拯救计划"，创作了《早起的奇迹》（*The Miracle Morning*），不仅证明自己就是奇迹本身，更帮助数百万读者建立了改变人生的早起习惯。

　　感谢我们在人生道路上得到过的帮助，不论它们是以什么形式到来的，它们会让我们的心灵像一支配合默契的管弦乐队而不是一把孤独的小提琴。

　　当我们花时间去感激那些曾经最好的老师时，我们不仅是对所学到的东西表达了感谢，而且会感到自己与所有生命的联系更加紧密。我们会明白，生活是一段旅程，在这段旅程中，我们成了自己想要成为的人，而且一路得到了各种各样的人和环境的帮助。

　　我喜欢问一群人问题，比如围坐在餐桌旁吃饭的朋友或家人。我发现，这是一种增进了解的好方法，大家总会发现一些有趣的、深刻的或感人的东西，而且会感觉彼此相连。大声向你的老师表达你的尊敬，真的会让你对老师给予你的一切持续感到感激和快乐。

　　现在，你可以花点时间想想，在你的人生中，谁或什么曾是你最好的老师。

生命中真正重要的不是你遭遇了什么，而是你记住了哪些事，又是如何铭记的。

《百年孤独》

51
"看看你的手掌，如果你看得足够深，就永远不会感到孤独"

上大学的时候，我常常幻想自己能像从浪花中出生的阿佛洛狄忒一样，长成一个美丽的女子，开启自己的生活。我用这种方式说服自己，不去复制父母的生活模式，但事实上，我没有能力复制他们的生活。我花了几十年的时间才认识到，虽然我独一无二，但我也是父母的孩子，而且，无论好坏，我确实比我想象的更像他们。

这是一个悖论。我们存在于这个世界上，是一个独特的、不可替代的灵魂，我们有自己的使命。我们是一颗精子和一颗卵子奇迹般相遇创造的结果，是两股 DNA 的特殊混合，我们的独特个性不仅来自那两股 DNA，还来自小时候从父母那里获得的所有体验和训练，以及对这些经历的独特反应。我们的父母也是一样，就基因和环境而言，他们是自己父母的继承者，他们的父母也是前一对父母的继承者，由此追溯往前。因此，我们是所有先人的产物。

许多人都有痛苦或艰难的童年环境，因此我们很容易否认自己与先人的联系，或者将生活中发生的一切归咎于这些环境和我们的亲属。如果确实如此，我们就会陷入困境——我们会重复过去。因为首先，我们没有承认过去；其次，我们无法超越过去。

但当我们花时间真正感谢自己的先人时，我们就把他们置于了适当的位置，给予了他们应得的一切。我们能够利用他们教给我们的一切，甚至是负面的教训，来超越他们的"遗产"，在世界上获得我们应有的位置。我们会认识到自己与先人之间的深厚联系，并总是生活在"归属之家"中。

麻省理工学院斯隆商学院组织培训中心前高级协作人员

马尔科娃有一项很棒的练习，可以让你与先人建立深厚连接，并生活在"归属之家"。

"看看你的手掌。一行禅师说过，如果你看得足够深，就永远不会感到孤独。你手上的每个细胞都是由父母遗传给你的基因组成的。不论你是崇拜他们，还是鄙视他们，他们就在你的掌心里。如果你看得更深入一点，你还会看到你的祖父和祖母。

"再深一点，你所有的祖先都隐藏在你的 DNA 里。你或许可以听到他们在你的耳边低语：'也许他就是那个将我们的梦想带入这个世界的人，也许他就是那个将超越我们的极限，把我们的梦想带入这个世界的人。'"

相信我，尊重自己与先人的联系，会带给我们一种归属感和完整感。

三十多年来，我家给朋友们寄的都是感恩卡而不是圣诞卡，希望能将我们对生活诸多恩赐的感激之情传递下去。

全球投资之父

约翰·邓普顿（John Templeton）

52
试试和爱的人互送感恩"情书"

多么好的一个主意！与其寄一张圣诞卡、一封节日信，列出我们取得的所有成就，或机械地写上一句问候，不如花点时间把我们感激的事情记录下来并告诉别人！

如果有一天你打开信箱，收到朋友寄来的一张卡片，感谢你出现在他的生活中，这不是很美妙吗？成为寄出这样一张卡片的人不会感觉很棒吗？

不论我们选择什么季节或事件，感恩节、圣诞节、生日等都可以，重要的是开始表达自己的感恩。我们都渴望这种发自内心的感激所创造的联结。

圣迭戈《联合论坛报》（*Union Tribune*）的专栏作家、《生命之网》（*The Web of Life*）的作者理查德·洛夫（Richard Louv）曾经写过一篇专栏文章，讲述了一个家庭每年互送圣诞情书，而不是圣诞礼物的故事。

文章中列出了收到圣诞情书的人会感到被爱或被重视的25个原因。这是他最受欢迎的专栏文章，洛杉矶的一家广播电台也认同他的观点。理查德·洛夫也在《生命之网》中写道：

"我认为我的家人最好也加入进来。"

"我在给与我有着17年婚姻的凯西的信上写着：'你生下了马修和贾森。你非常关心工作中遇到的病人。你在生活的各个方面都是可敬的。我很信任你。你不会帮我捡起我乱丢的袜子。在我母亲弥留之际，你照顾着她和我。明明你更想享受酒店的客房服务，但你却选择和我们一起去露营。是你让我了解到旅行的乐趣。你读书读得比我好。你的衣服有香味。当你用被子裹紧脸时你的样子……'"

"我期待着寄出这些信，也期待着收到寄给我的信。也许你家也可以试试。这只是一个想法，但生命是很短暂的，不要犹豫太久哦。"

Attitudes of Gratitude

Dear 凯西：

你生下了马修和贾森。你非常关心工作中遇到的病人。你在生活的各个方面都是可敬的。我很信任你。你不会帮我捡起我乱丢的袜子。在我母亲弥留之际，你照顾着她和我。明明你更想享受酒店的客房服务，但你却选择和我们一起去露营。是你让我了解到旅行的乐趣。你读书读得比我好。你的衣服有香味。当你用被子裹紧脸时你的样子……

轻断食后，会对可以吃的食物加倍用心和感恩，同时会感谢明天就可以随心所欲地吃了。

《奇效5:2轻断食》（*The 5:2 diet book*）

53
餐前感恩仪式：
与家人更紧密地联结

我从小信奉天主教，当我还是一个小女孩的时候，我总会在吃饭前祷告。然而，在离开教会后，我放弃了在吃饭前表达感谢的习惯。既然我不再相信"上帝"，我为什么还要对他表达感谢呢？

在25年后的一个感恩节，我突然发现自己的世界如此贫乏：即使不存在上帝，我获得的食物也来自农民、工人、杂货店店员和其他许多人的劳动，我至少应该承认这一点。于是，我写了《感恩的心》。在这本书中，我搜集了365种表达感谢的方式，包括从佛陀到披头士的每日晚餐祷告，其中很多都不是传统意义上的祷告。

在整理那本书的过程中，我发现了很多事实。其中一个事实是，至少对我来说，每天说些不同的话有多么重要。我童年时所做的祷告有一个问题，那就是我们总会重复说同一句话进行祷告，就像宣誓效忠一样，它失去了所有的意义。变化使我能够意识到做这件事的意义。

感恩给我们带来的最重要的恩赐之一就是培养一种联结感。

Attitudes of Gratitude

我发现的最重要的一个事实是，每天进行一个感恩的仪式，让我们睁大感激的双眼是多么重要。如果你每天都在固定的时间做这件事，就会养成一种习惯，让你更容易一整天都心存感激。感恩不一定要围绕食物，许多人说，他们也会在入睡前或醒来时使用《感恩的心》中的方法。

　　不论你是一个人吃饭还是和别人一起吃饭，饭前祷告都很有益处。感恩给我们带来的最重要的恩赐之一就是培养一种联结感。

　　吃是所有生命都会做的一件事，当我们带着觉知的心和感恩的心吃饭，感谢所有为了给我们提供营养而付出生命的生物时，就加强了我们与其他生物之间的联结。

　　这样做也会加强我们彼此之间的联结。如果不是坐在电视机前，漫不经心地把食物塞进嘴里，而是围坐在餐桌前，在吃饭前做个祷告，我们就能与家人建立联结。我们承认自己正在分享这份体验，而这份承认可以将我们更紧密地联结在一起。

　　你们可以轮流朗读一些东西，或自由发言，或诵读祷告辞。无论你们选择做什么，当你和家人在吃饭前表达感恩时，你们会意识到你们是一起的，你们是一个相互联结的整体中的一个部分。

"谢谢"这两个字既小又大，让我们感受一下它们的魔力。

全球 50 位领先女企业家之一

阿尔达思·罗代尔（Ardath Rodale）

54
数一数，今天你说了几次"谢谢"？

这项练习非常简单，只要尽可能多地说"谢谢"就行了。谢谢收费员帮你办理业务，谢谢同事带饼干给你吃，谢谢朋友在一个沉闷的星期六打来电话。如此即可，没有必要去长篇大论地解释你为什么感谢他们，只需要说一句简单的"谢谢"。

事实上，这种我们都学习过的"机械式"的礼貌回应非常重要。正如达·罗·金玛在《真爱》中指出的那样："谢谢……这个词在我们的脑海中锚定的事实是，我们已经获得了恩赐，现在要去创造一种内在的乐观态度，这是一种培养品格的行为，形成了对世界的积极看法。"

换句话说，当我们说出"谢谢"时，就会想起在这一刻自己得到了一些东西，这有助于我们记住自己身上发生的好事，并且有助于我们相信，自己的需求通常都会得到满足。

收到感谢的人也会受到奇妙的影响。这会让他们意识到，不论他们正在做什么，他们的努力已经获得了注意和感谢。我们都需要被感谢。有几位在我的公司里工作了好些年的员工说，感谢带给他们的动力不比金钱少，我认为很多人都是如此，尽管他们可能不会承认这一点。

> 我们可能不会为了被感谢而做某件事，
> 但被感谢会让我们想把这件事再做一次。
>
> *Attitudes of Gratitude*

说声"谢谢"也非常有助于鼓励对方在未来做出更多相同的行为。我们可能不会为了被感谢而做某件事，但被感谢会让我们想把这件事再做一次。最近，我从自己的花园里摘了几朵玫瑰带到办公室，在每个人的办公桌上都放了一朵。除了其中的一个人，大家都向我表达了感谢。我非常想再送玫瑰花给大家，但不想再送给这个人了。我并不是怀恨在心，我的想法更像是："如果他不喜欢，那么把这件事再做一次就没有意义了。"

在《预防》（*Prevention*）杂志的一篇文章中，全球 50 位领先女企业家之一阿尔达思·罗代尔建议读者数一数他们在一天中说"谢谢"的次数。我认为这是个好主意。所以今天就数一数你说过的"谢谢"吧。如果你开始关注这件事，那么说"谢谢"的次数可能会增加。

感恩使一切最美好的东西不朽……

55
不论走到哪里，
巧妙地感谢他人的帮助

我认识的两个最快乐的人是乔尔和米歇尔。他们真的是由内而外散发着活力和爱的光芒。他们身上最棒的一点就是他们会巧妙地感谢他人为自己做的任何事情。

我曾看过他们在新书巡回签售会后写给公关人员的信，他们反复地单独向她道谢，她看了信之后都哭了。当我向他们问起这封信时，他们说习惯于写信感谢善待自己的人。

他们在给我的信中写道："我们非常珍视可靠、合格、有能力的人在专业合作中带给我们的帮助和支持。"

他们不仅会让这个公关人员知道他们有多感激，还会告诉这个人的老板。

不论乔尔和米歇尔走到哪里，他们都会留下幸福的足迹：阿拉斯加航空公司的售票员、微笑着为他们服务的服务员，还有给他们修车的机修工，都收到了感谢。

不要尝试给人留下深刻的印象，而要思考如何为他人的人生增加价值。

Attitudes of Gratitude

因为乔尔和米歇尔会尽量不把任何事情视为理所当然，所以他们在最普通的情况下也能看到自己获得的礼物，通过感谢别人的馈赠，他们又把这份礼物传递了下去。

你不一定要寄出信件，打电话或发电子邮件也可以。不过卡片或信件对于许多人来说是特别有意义的，尤其是如今，我们的信箱似乎只会收到垃圾邮件和账单。

我还认识一个人，她会时不时给朋友和家人打电话，只是告诉他们，自己感谢他们做了什么。她这样做不是为了得到爱，而是因为她对于这些人出现在她生命中充满了感激。她也因此被很多人深爱着。

当我考虑做这件事的时候，我知道这是一个很棒的主意，但我害怕自己没有时间去做它，尽管承认这一点也会令我感到内疚。

如果你也有同样的感觉，看完这篇文章后，试着给某人寄出一封信或打个电话如何？我就是这么计划的。

唤醒对内在自我的理解，了解自己的伟大，是人最重要的责任。一旦懂得了自己的真正价值，就会懂得别人的价值。

56
给自己写一封感谢信，
做自己最好的朋友

你有独特的想法，用特别的方式表达自己吧，用独属于你的方式向家人和朋友奉献自己吧。你是美妙的、独特的、唯一的，但我敢打赌，你甚至没有意识到你的美、你的敏感，以及你对这个世界的古怪看法。

从某种程度上来说，我们不可能不把自己的一切视为理所当然，我们的行为方式对于我们来说是自然而然的，因此我们很难看到自己有多么美妙。

这就是拥有朋友的美妙之处：他们会注意到你身上美好

的方面并指出来，突然之间，我们就也能看到它了。例如，我甚至没有意识到自己有幽默感，直到朋友里克因为我说了某件事而哈哈大笑，并宣布道："你是我认识的最有趣的人。"我们总是会把自己对他人的善意关注、自己的创造力，或者严谨细致视为理所当然。所以，不论我们的天赋是什么，我们很有可能还没有注意到它。

当我们练习感恩时，会很容易注意到我们所感激的外部的一切——爱、友谊、食物和欢笑，但会忘记把感恩之光照向自身。但我们都拥有优秀的品质，如果我们学会欣赏自己，我们就会更加感激自己，那么就会更少地关注自己身上的所有缺点和失败之处。

感谢我们具有的所有美好品质是学会真正爱自己的方法之一。通过自爱，我们会觉得自己值得被爱，并建立强大、健康的亲密关系。因为我们知道自己有价值，所以我们在爱人的同时会拒绝过度要求、依赖或排斥。

今天，试着给自己写一封感谢信。信的内容可以是你感激自己的任何事情，比如，你是一个很好的朋友、工作努力、穿着时尚等。花点时间尽可能多地想想你感激自己的地方。想想你有多么了不起，此刻，难道你的脸上没有扬起温暖的微笑吗？

Attitudes of Gratitude

我很感激自己

我很感激自己

我很感激自己

真正的伴侣关系是两人都认为自己有义务顾及对方的情绪，为对方的幸福负责。

《读懂恋人心》（*Attached*）

57
想爱上一个人，
就找出他身上 5 个你喜欢的点

为什么我们可以对几乎不认识的人如此善良、宽容和充满爱，却对我们最亲近的人如此苛刻、冷漠和刻薄？

由于天天都能看到，最初你爱的人身上吸引你的所有美好品质不知怎么，忽然就看不见了，而每处缺点和不完美都变得很突出。我们会变得太过专注于想从伴侣那里得到，但却没有得到的一切，以至于渐渐看不到此时此刻身边那个爱着你的人。

我曾经认识一位治疗师，她宣称自己发现了一种改善亲密关系的全新方法。她说，与其让夫妻之间或父母与孩子之间谈论他们的问题，不如让人们在每次感到烦恼或生气时，向对方说出一个充满爱和感激的想法，这样效果会更好。

> 留意伴侣为你所做的贡献，哪怕它微乎其微，这也是为了你的快乐所做，也是你应该感恩对方出现在生活中的理由。

Attitudes of Gratitude

我在家里尝试了这个方法。当我发现自己正要对丈夫说"你为什么就不能说点有趣的事"，我会把注意力集中在让我心存感激的事情上，比如"我喜欢他对人如此温柔"。令人惊奇的是，一切都发生了变化。我的丈夫变得更有趣，更充满爱了。现在，或许是因为我改变了自己的态度，我们不再争吵或陷入受伤的感觉，也或许是因为我的想法增强了他的这些品质，我不敢确定。不过坦白说，这也不重要。关键是，感谢美好的事物会绽放出美丽的花朵。

留意自己喜欢什么是每个人都可以学会的心理习惯。催眠治疗师米尔顿·艾瑞克森（Milton Erickson）曾教授过这种方法。他说自己可以让任何人爱上或不爱另一个人。

想不爱另一个人，你要做的就是看着一个人，找出他身上 5 个你无法忍受的点，例如，他的笑声、身上的气味、奚落别人的方式、吃饭时把桌子弄得一团乱的事实、牙齿上的食物残渣。

想爱上一个人，就找出他身上 5 个你喜欢的点，例如手的形状、蓝色的大眼睛、对物质的慷慨、幽默感、对孩子说话的方式。

在一周的时间里，每当你看到一个人，就做这项练习。很快你就会发现，你可以通过选择关注什么来影响你对某人的感觉。然后在家里运用这种方法。当你发现自己很讨厌伴侣时，就变身为一位将消极转化为积极的专家，看看你的生活会发生什么改变。

谢谢你的存在。

北美印第安族塞内卡族的传统问候语

58
经常告诉孩子："你原本就很好"

作为父母，我们可能过于关注孩子，想要他们去学习、去改变、去成为怎样的人，而忘记了感谢孩子现在的样子。在当今社会尤其如此，如今社会上的竞争比以往任何时候都更加激烈。

我们希望自己的孩子能过得好：希望他们能接受良好的教育、在运动方面出类拔萃、拥有朋友，希望他们能进入一所好大学、拥有美满的婚姻、成为优秀的父母……

当我们专注于对孩子的期望时，就会只看到他们犯下的错误，以及他们的缺点和不足。如果约翰尼能更流畅阅读，如果克劳迪娅能安静地坐着，如果约兰达能不那么害羞，该有多好……

在很大程度上，学校使我们变得更加专注于问题，因为老师已经成为诊断问题和贴标签的专家。多动症、注意力缺陷、叛逆、缺乏动力……每个人都告诉了我们太多关于孩子的问题，以至于我们很容易忘记自己对孩子的爱和感激。

> 告诉孩子们：你们原本就很好，此刻你们不进行改变，也会被爱着。
>
> *Attitudes of Gratitude*

我的朋友莫莉有 6 个孩子，年龄从 8 岁到 25 岁不等，他们虽然性格各不相同，但都有健康的自尊意识。每个人都在以自己的方式绽放。

他们在学校表现很好，有些人的表现会更好一些；他们会参加运动，有些人会更擅长一些；他们拥有朋友，有些人的朋友会更多一些；他们都非常爱彼此和父母……

　　当我看到莫莉和他们互动时，我想自己知道莫莉的孩子如此优秀的原因是什么了。她经常告诉孩子们，他们原本就很好，此刻他们不进行改变，也会被爱着。莫莉还会告诉孩子们，不要和兄弟姐妹比较，不要强迫自己变得更好。

　　如果所有父母都能在孩子早上醒来或晚上入睡前问候他们，对他们说"谢谢你的存在"，会如何？如果孩子不需要做任何事情就能感受到父母对他们的存在充满感激，他们会发生什么改变？父母又会发生什么改变？

我们一直都有能力选择自己的心态，即做到真诚的快乐、感恩和乐观，即使我们身边的世界正在崩塌。

《奇迹公式》

59
"拥抱冥想"：把今天当作最后一天

可能只有当我们意识到自己可能会从这个世界上消失时，我们才会发现生活的美好。这就是佛教徒思考死亡的原因之一 ——为了让自己意识到当下就能获得快乐。

一位研究中国现代化的美国教授斯蒂芬·莱文（Stephen Levine）曾经写道：

如果这是你生命的最后一天，你会担心家里的杂物还是大腿的形状？我敢打赌，你都不会。

但你很有可能会用这最后的时间来记住宝宝的微笑，玫瑰的香味，雨水落在头顶的感觉……

如果这是你爱的人生命的最后一天，你会花时间争论轮到谁倒垃圾，或者对于该送孩子去哪上学谁的想法是对的吗？你不会。你会花时间告诉他你有多爱他，你有多么感激他为你所做的一切。

今天可能真的是我们生命的最后一天，因为未来无法保证，有太多的人在某一天兴高采烈地走出家门，然后再也没有回来。他们可能遭遇了车祸、心脏病发作、飞机失事或生活中的其他灾难。

把每一天都当成最后一天来度过，并不是为了让我们产生一种必须抓住现在每一份体验的紧张感。这也不是忽略那些需要扔掉的垃圾，需要支付的账单，以及需要收拾的杂物的借口。它只是一个提醒，提醒我们要活在当下，尽可能地感激日常生活中的所有存在。

对此一行禅师创造了一套很好的冥想练习，叫作"拥抱冥想"。这项练习很简单，你所要做的就是拥抱一个人 3 次，同时有意识地吸气和呼气。

⊙ 第一次拥抱的时候，你们要都想着，不知道什么时候，你们会不再存在于此。

⊙ 第二次拥抱的时候，你们要专心想着，你不知道何时对方将不再存在于此。

⊙ 第三次拥抱的时候，你们会真正感激此时你们都在这里，你们正在一起度过这宝贵的时刻。

每当我要离开很长一段时间时，我都会跟丈夫和孩子一起做这项练习。现在，我的新目标是每天早上出门之前都做一遍这项练习。

第 5 章

让感恩成为一种生活方式

Attitudes of Gratitude

在会数数之前，

我们就被教导，

要对别人为自己做的事心存感激。

随着我们的心因为某些经历被打开，

我们对一些事物的感激越发深刻。

如果我们活得足够久，

足够真实，

足够深入自己的内心，

感恩就会成为一种生活方式。

感恩你拥有的一切，接受你没有得到的一切，创造你想要的一切。

《早起的奇迹》作者　哈尔·埃尔罗德

60
感恩之心每上升一个层级，
内心的力量就会增强

现在，我希望你已经体验到了感恩所能带来的一些巨大的快乐，并且已经发现感恩的态度和练习会引导我们踏上一段心灵之旅，就像引言中诗人及癌症幸存者马克·尼波的完美描述一样。感恩的态度始于我们口中的礼仪，感恩的练习是学习作为接受方该如何做出反应。

"珍妮，史密斯太太刚刚给了你一块饼干。现在你该对她说些什么呢？"尽管这样教导孩子表达感谢有很多好处，但它的前提是有人为我们做了某些事情。虽然许多人的感恩之心仍然保持在这种浅层次的水平，但我们的灵魂呼唤着我们进入更深的层次。

在更深层的第一层级，即便没有某位给予者，没有情人节的玫瑰和圣诞节的音乐，我们也开始探索感恩，承认生命本身的恩赐。此时，我们开始感激一切。

第二层级的感恩之心通常是在经历苦难后获得的，在生活困境的枷锁下，选择让自己变得柔软和宽容，而不是坚硬和尖锐。当我们允许自己被生活打开，而非被击垮时，我们就会开始感激困难本身，感谢癌症让我们意识到自己的感受，感谢破产把我们从激烈的竞争中拯救出来，感谢苛刻的人教会我们如何维护自己……

当怀抱感恩的心态足够久之后，我们会进入第三层级，开始真正地心怀感恩，不论外部世界发生了什么，我们的每一次吸气和呼气都会洋溢着感恩的气息。没有多少旅者能一路来到这里并永远停留在此，这是圣徒的领地。但所有人都曾体验过身在此处的感受：我们仰望天空，欣赏这件大自然的艺术品；我们聆听贝多芬的《第九交响曲》，在生活中感受音乐带给我们的壮丽；我们感受宝宝胖乎乎的手指触摸我们脸颊的感觉，为她的存在流下感激的泪水……

　　感恩之心每上升一个层级，我们内心的力量就会增强。

⊙ 第一层级，我们体验到满足感。我们想要一块饼干，我们得到了。

⊙ 第二层级，我们体会到人生的意义。我们来到这个世界上是有使命的，因此我们感激获得的所有教训。

⊙ 第三层级，我们被纯粹的快乐围绕。正如大卫·施滕德尔－拉斯特修士所说，"我们的心对给定的完整生命做出简单的反应"。

　　愿你体验到每个层级的感恩之心和每一层级给予你的灵魂礼物。因为到那个时候，你真的可能每一天都能给予和接收到快乐。

致 谢

Attitudes of Gratitude

从 1994 年开始，当我写了《感恩的心》这本书后，我一直在思考感恩，阅读相关的作品，想知道我还能做些什么来提升自己的感恩之心，并为想练习感恩的人提供支持。很多人想要我写《感恩的心》的续篇，但这次我想做一些改变。

我在心里酝酿《感恩的奇迹》已经有 4 年多了，直到出版社编辑布伦达·奈特（Brenda Knight）出现并建议我用现在你们看到的这种方式来书写感恩。布伦达，谢谢你给我带来灵感，还在我写几个故事的过程中给我提供了帮助。

在撰写本书的过程中，我遇到了许多老师，有些老师为我的生活带来了幸福，有些是我通过他们的书认识了他们。首先，我要感谢道娜·马尔科娃，她慷慨地为我提供了一些方法、故事和观点，使这本书变得更有用。感谢她做出了的贡献，使本书变得更好。

其次，我还要衷心感谢达·罗·金玛，最初是她教会了我感恩，还允许我引用她的许多著作，以她的一些作品为榜样奠定本书的写作风格，还写给我一封美好的感谢信；感谢莫莉·富米亚（Molly Fumia）和威尔·格伦农（Will Glennon）在我撰写本书的过程中时常与我一起思考；感谢苏·帕顿·托埃尔，我的多年好友，她允许我引用她的作品《点亮自己的灯：关于女性精神的冥思》的片段；感谢我的编辑克劳迪娅·沙布（Claudia Schaab），最后是她在督促我；还要感谢哲学诗人马克·尼波，感谢他慷慨的话语；我要感谢安妮特·马登（Annette Madden）和我分享她的故事，她的经历是"感恩的态度"最生动的例子。

最后，我也要感谢大卫·施滕德尔-拉斯特，本书的内容深受他对感恩的深刻文章与演讲的影响；感谢刘易斯·斯梅代斯的《一个相当好的人》；感谢阿黛尔·拉腊的《品尝从容的盛宴》（*Slowing Down in a Speeded Up World*）；

致　谢

感谢大卫·冈得斯的《生活,该适可而止》；感谢莎拉·班·布瑞斯纳的《简单富足》；感谢理查德·洛夫的《生命之网》；感谢大卫·L.库珀里德的《积极形象，积极行动》（*Positive Image, Positive Action*）；感谢琼·博里森科的《灵魂之火》（*Fire in the Soul*）。

感谢这些作者，他们的观点为我提供了灵感，也感谢科纳里出版社的全体员工，是他们使这本书，以及我们所有的书得以出版。我认为能和你们一起创作"一本与众不同的书"是一种莫大的荣幸。

关于作者

Attitudes of Gratitude

—— M. J. 瑞安（M. J. Ryan） ——

向世界传播感恩的幸福导师

  M. J. 瑞安是一位鼓舞人心的作家和国际教练，她被誉为"个人成长方面的专家"，为世界各地的高绩效管理者、企业家和领导团队提供专业的培训。她的工作基于积极心理学、优势辅导、智慧传统和前沿大脑研究的结合。她是国际教练联盟（International Coaching Federation）的成员，为企业、政府和非营利组织的客户提供服务。

  瑞安是科纳里出版社的创始人，写过 13 本书。她是《纽约时报》畅销书《随意的善举》（*Random Acts of Kindness*）系列的作者之一，也是《幸福的改头换面》（*The Happiness Makeover*）（2005 年最佳生活图书奖入围作品）、《今年我将……》（*This Year I Will . . .*）、《耐心的力量》（*The Power of Patience*）、《相信自己》（*Trusting Yourself*）、《奉献的心》（*The Giving Heart*）和《365 个健康和幸福的助推器》（*365 Health and Happiness Boosters*）等书的作者。截至本书出版之时，她的作品总共印了 175 万册。

她曾参加过《今日秀》（*The Today Show*）、美国有线电视新闻网（CNN）的节目和数百个广播节目，她是《健康》（*Health*）杂志的生活教练专栏作家和《好管家》（*Good Housekeeping*）杂志的特约编辑。《纽约时报》《今日美国》（*USA Today*）、《华尔街日报》（*The Wall Street Journal*）、《健康》《家庭天地》（*Family Circle*）、《女士家庭杂志》（*Ladies' Home Journal*）、《城市与乡村》（*Town and Country*）、《大都会》（*Cosmopolitan*）和《瑜伽杂志》（*Yoga*

Journal）上都曾发表过关于她作品的文章。最近，她被任命为 Sleep Number 生活质量咨询委员会的个人幸福专家和美国花商协会"给予的力量"活动的发言人。

M. J. 瑞安会在全国各地发表演讲和开办讲习班，参与包括美国总统参选人玛丽安娜·威廉森（Marianne Williamson）、当代灵性导师迪帕克·乔普拉（Deepak Chopra）、美国顶级医生帕梅拉·皮克（Pamela Peeke）在内的各界名人的演讲活动。她和丈夫、女儿在旧金山湾区生活。

附　录

Attitudes of Gratitude

21天小确幸日记本

用 21 天养成专注于日常生活中的小确幸的习惯，开启

通往积极和富足的变革之旅。以下是最有效的 12 种感恩行动：

1. 每天练习感恩，在日记中，在发给合作伙伴的电

   子邮件中，在下班开车回家的时候，在和家人吃

   饭的时候，在睡觉前……你养成的习惯越多，就

   越容易记住感恩这件事。

2. 创建视觉或听觉提醒物，比如一个标志或电脑和

   手机上的弹出提醒。

3. 关注生活中进展顺利的事，而非进展不顺利的事。

4. 尽可能多地对别人说"谢谢"。

5. 确保你的感谢名单上也有自己。今天你哪些方面做得很好？你因为什么事情感谢自己？

6. 当伴侣、孩子、朋友让你感到烦恼或沮丧时，记住你为什么爱他们。

7. 做好的比较——当你发现自己嫉妒某人时，把注意力集中在你拥有而别人没有的东西上。

8. 感谢你的身体。你现在感激身体的哪些方面？

9. 携带一块感恩之石。随身携带一块可以放在口袋里的小鹅卵石，每当你感受到小石头的存在时，就想想你感激的事情。

10. 当问题发生时，问问自己：这件事好的一面是什么？是的，这件事也许很糟糕，但如果其中有好的一面，那会是什么？

11. 在挑战中寻找隐藏的祝福，你是如何成长的？

12. 想象今天是你生命中的第一天，也是最后一天，你会如何珍惜时间度过这一天？

日期：＿＿＿＿＿＿＿＿＿＿＿

第 **1** 天

我对今天心存感激的 3 件事

1. ＿＿＿＿＿＿＿＿＿＿＿＿＿＿＿＿＿＿＿＿＿
2. ＿＿＿＿＿＿＿＿＿＿＿＿＿＿＿＿＿＿＿＿＿
3. ＿＿＿＿＿＿＿＿＿＿＿＿＿＿＿＿＿＿＿＿＿

我今天最感谢的人

＿＿＿＿＿＿＿＿＿＿＿＿＿＿＿＿＿＿＿＿＿

我今天的心情

明天，我想用这些行动表达感恩……

日期：_____   第 2 天

我对今天心存感激的 3 件事

1. _____
2. _____
3. _____

我今天最感谢的人

_____

我今天的心情

明天，我想用这些行动表达感恩……

日期：＿＿＿＿＿＿＿＿＿　　　　　　　第 **3** 天

我对今天心存感激的 3 件事

1.＿＿＿＿＿＿＿＿＿＿＿＿＿＿＿＿＿＿＿＿

2.＿＿＿＿＿＿＿＿＿＿＿＿＿＿＿＿＿＿＿＿

3.＿＿＿＿＿＿＿＿＿＿＿＿＿＿＿＿＿＿＿＿

我今天最感谢的人

＿＿＿＿＿＿＿＿＿＿＿＿＿＿＿＿＿＿＿＿

我今天的心情

明天，我想用这些行动表达感恩……

日期：＿＿＿＿＿＿＿＿＿＿＿＿　　　　第 **4** 天

我对今天心存感激的 3 件事

1. ＿＿＿＿＿＿＿＿＿＿＿＿＿＿＿＿＿＿＿＿＿＿＿＿
2. ＿＿＿＿＿＿＿＿＿＿＿＿＿＿＿＿＿＿＿＿＿＿＿＿
3. ＿＿＿＿＿＿＿＿＿＿＿＿＿＿＿＿＿＿＿＿＿＿＿＿

我今天最感谢的人

＿＿＿＿＿＿＿＿＿＿＿＿＿＿＿＿＿＿＿＿＿＿＿＿＿＿＿

我今天的心情

明天，我想用这些行动表达感恩……

日期:_____　　　　　　第 **5** 天

我对今天心存感激的 3 件事

1._____
2._____
3._____

我今天最感谢的人

_____

我今天的心情

明天,我想用这些行动表达感恩……

我对今天心存感激的 3 件事

1.＿＿＿＿＿＿＿＿＿＿＿＿＿＿＿＿＿＿＿＿＿＿＿＿＿＿＿

2.＿＿＿＿＿＿＿＿＿＿＿＿＿＿＿＿＿＿＿＿＿＿＿＿＿＿＿

3.＿＿＿＿＿＿＿＿＿＿＿＿＿＿＿＿＿＿＿＿＿＿＿＿＿＿＿

我今天最感谢的人

＿＿＿＿＿＿＿＿＿＿＿＿＿＿＿＿＿＿＿＿＿＿＿＿＿＿＿

我今天的心情

明天，我想用这些行动表达感恩……

日期：＿＿＿＿＿＿＿＿＿＿ 第 **7** 天

我对今天心存感激的 3 件事

1. ＿＿＿＿＿＿＿＿＿＿＿＿＿＿＿＿＿＿＿＿＿

2. ＿＿＿＿＿＿＿＿＿＿＿＿＿＿＿＿＿＿＿＿＿

3. ＿＿＿＿＿＿＿＿＿＿＿＿＿＿＿＿＿＿＿＿＿

我今天最感谢的人

＿＿＿＿＿＿＿＿＿＿＿＿＿＿＿＿＿＿＿＿＿

我今天的心情

明天，我想用这些行动表达感恩……

日期：_____

第 **8** 天

我对今天心存感激的 3 件事

1. _____
2. _____
3. _____

我今天最感谢的人

_____

我今天的心情

明天，我想用这些行动表达感恩……

日期：_____ 第 9 天

我对今天心存感激的 3 件事

1. _____
2. _____
3. _____

我今天最感谢的人

_____

我今天的心情

明天，我想用这些行动表达感恩……

我对今天心存感激的 3 件事

1. _____
2. _____
3. _____

我今天最感谢的人

_____

我今天的心情

明天，我想用这些行动表达感恩……

我对今天心存感激的 3 件事

1.＿＿＿＿＿＿＿＿＿＿＿＿＿＿＿＿＿＿＿＿

2.＿＿＿＿＿＿＿＿＿＿＿＿＿＿＿＿＿＿＿＿

3.＿＿＿＿＿＿＿＿＿＿＿＿＿＿＿＿＿＿＿＿

我今天最感谢的人

＿＿＿＿＿＿＿＿＿＿＿＿＿＿＿＿＿＿＿＿

我今天的心情

明天，我想用这些行动表达感恩……

我对今天心存感激的 3 件事

1. ＿＿＿＿＿＿＿＿＿＿＿＿＿＿＿＿＿＿＿＿＿＿＿＿＿＿＿

2. ＿＿＿＿＿＿＿＿＿＿＿＿＿＿＿＿＿＿＿＿＿＿＿＿＿＿＿

3. ＿＿＿＿＿＿＿＿＿＿＿＿＿＿＿＿＿＿＿＿＿＿＿＿＿＿＿

我今天最感谢的人

＿＿＿＿＿＿＿＿＿＿＿＿＿＿＿＿＿＿＿＿＿＿＿＿＿＿＿＿＿＿＿

我今天的心情

明天，我想用这些行动表达感恩……

日期：＿＿＿＿＿＿＿＿＿＿＿   第 **13** 天

我对今天心存感激的 3 件事

1. ＿＿＿＿＿＿＿＿＿＿＿＿＿＿＿＿＿＿＿＿＿＿＿＿＿＿

2. ＿＿＿＿＿＿＿＿＿＿＿＿＿＿＿＿＿＿＿＿＿＿＿＿＿＿

3. ＿＿＿＿＿＿＿＿＿＿＿＿＿＿＿＿＿＿＿＿＿＿＿＿＿＿

我今天最感谢的人

＿＿＿＿＿＿＿＿＿＿＿＿＿＿＿＿＿＿＿＿＿＿＿＿＿＿＿＿

我今天的心情

明天，我想用这些行动表达感恩……

我对今天心存感激的 3 件事

1. ＿＿＿＿＿＿＿＿＿＿＿＿＿＿＿＿＿＿＿＿＿＿＿＿＿＿＿＿

2. ＿＿＿＿＿＿＿＿＿＿＿＿＿＿＿＿＿＿＿＿＿＿＿＿＿＿＿＿

3. ＿＿＿＿＿＿＿＿＿＿＿＿＿＿＿＿＿＿＿＿＿＿＿＿＿＿＿＿

我今天最感谢的人

＿＿＿＿＿＿＿＿＿＿＿＿＿＿＿＿＿＿＿＿＿＿＿＿＿＿＿＿＿＿

我今天的心情

明天，我想用这些行动表达感恩……

我对今天心存感激的 3 件事

1. _____
2. _____
3. _____

我今天最感谢的人

_____

我今天的心情

明天，我想用这些行动表达感恩……

我对今天心存感激的 3 件事

1. ＿＿＿＿＿＿＿＿＿＿＿＿＿＿＿＿＿＿＿＿＿＿＿＿＿
2. ＿＿＿＿＿＿＿＿＿＿＿＿＿＿＿＿＿＿＿＿＿＿＿＿＿
3. ＿＿＿＿＿＿＿＿＿＿＿＿＿＿＿＿＿＿＿＿＿＿＿＿＿

我今天最感谢的人

＿＿＿＿＿＿＿＿＿＿＿＿＿＿＿＿＿＿＿＿＿＿＿＿＿＿

我今天的心情

明天，我想用这些行动表达感恩……

我对今天心存感激的 3 件事

1. _____

2. _____

3. _____

我今天最感谢的人

_____

我今天的心情

明天，我想用这些行动表达感恩……

我对今天心存感激的 3 件事

1. ＿＿＿＿＿＿＿＿＿＿＿＿＿＿＿＿＿＿＿＿＿＿＿＿＿＿
2. ＿＿＿＿＿＿＿＿＿＿＿＿＿＿＿＿＿＿＿＿＿＿＿＿＿＿
3. ＿＿＿＿＿＿＿＿＿＿＿＿＿＿＿＿＿＿＿＿＿＿＿＿＿＿

我今天最感谢的人

＿＿＿＿＿＿＿＿＿＿＿＿＿＿＿＿＿＿＿＿＿＿＿＿＿＿＿

我今天的心情

明天，我想用这些行动表达感恩……

日期：_____   第 **19** 天

我对今天心存感激的 3 件事

1. _____

2. _____

3. _____

我今天最感谢的人

_____

我今天的心情

明天，我想用这些行动表达感恩……

我对今天心存感激的 3 件事

1. ＿＿＿＿＿＿＿＿＿＿＿＿＿＿＿＿＿＿＿＿＿＿＿＿＿＿＿
2. ＿＿＿＿＿＿＿＿＿＿＿＿＿＿＿＿＿＿＿＿＿＿＿＿＿＿＿
3. ＿＿＿＿＿＿＿＿＿＿＿＿＿＿＿＿＿＿＿＿＿＿＿＿＿＿＿

我今天最感谢的人

＿＿＿＿＿＿＿＿＿＿＿＿＿＿＿＿＿＿＿＿＿＿＿＿＿＿＿

我今天的心情

明天，我想用这些行动表达感恩……

日期：＿＿＿＿＿＿＿＿＿

第 **21** 天

我对今天心存感激的 3 件事

1. ＿＿＿＿＿＿＿＿＿＿＿＿＿＿＿＿＿＿＿＿＿
2. ＿＿＿＿＿＿＿＿＿＿＿＿＿＿＿＿＿＿＿＿＿
3. ＿＿＿＿＿＿＿＿＿＿＿＿＿＿＿＿＿＿＿＿＿

我今天最感谢的人

＿＿＿＿＿＿＿＿＿＿＿＿＿＿＿＿＿＿＿＿＿

我今天的心情

明天，我想用这些行动表达感恩……

Attitudes of Gratitude

Attitudes of Gratitude

Attitudes of Gratitude

Attitudes of Gratitude

- [ ] _____
- [ ] _____
- [ ] _____
- [ ] _____
- [ ] _____
- [ ] _____
- [ ] _____
- [ ] _____
- [ ] _____
- [ ] _____
- [ ] _____
- [ ] _____

[美]哈尔·埃尔罗德　著

王正林　译

定价：59.80 元

《奇迹公式》

《早起的奇迹》作者全新力作
风靡世界的个人成长图书

事实上，各行各业的成就者一直都在践行"奇迹公式"，即坚定不移的信念＋非同常人的努力＝改变人生的奇迹！但普通人却难以坚持。如何才能正确理解并持续执行这两个决定，使你的"可能"变为"必然"？哈尔分享了重要的经验：

- 利用每个具体的、可衡量的目标培养"奇迹专家"的品质；

- 调整人生优先级，建立"使命安全网"，为梦想保驾护航；

- 不再让"非理性恐惧"和"缺乏耐心"扼杀创造力；

- 定期复盘和调整，更新"自我肯定宣言"，确保能够坚持到底。

每一天都创造奇迹
让你的目标从"可能实现"到"必然成真"

[美]哈尔·埃尔罗德 著

王正林 译

定价： 62.00元

扫码购书

《早起的奇迹：
有钱人早晨 8 点前都在干什么？》

当别人都在沉睡
你却在用每个"神奇的早起"创造财富！

成为有钱人的真正秘密不在于能做多少事，而在于能做出多少改变。在《早起的奇迹：有钱人早晨 8 点前都在干什么？》这本书中，哈尔将与知名企业家、财富建设顾问大卫·奥斯本一起为你解答有钱人如何将"神奇的早起"利用到极致，从而不断创造财富奇迹。

- 你会发现早晨和财富之间不可否认的联系。
- 想要成为有钱人，你必须做出四个选择；跳出思维定势，确定早起"飞行计划"，撬动资源杠杆；懂得何时该放弃，何时该坚持，才能使财富持续倍增。
- 搭建你的自我领导体系，以绝对会产生结果的方式进行自我肯定。

早起的真正价值就是，在那段安静的时间里，当世界都在沉睡，而你却完全掌控了自己的人生，这就是你发现每一天不可思议的潜力，进入致富快车道的时候。

海派阅读
GRAND CHINA

READING
YOUR LIFE

人与知识的美好链接

20 年来，中资海派陪伴数百万读者在阅读中收获更好的事业、更多的财富、更美满的生活和更和谐的人际关系，拓展读者的视界，见证读者的成长和进步。现在，我们可以通过电子书（微信读书、掌阅、今日头条、得到、当当云阅读、Kindle 等平台），有声书（喜马拉雅等平台），视频解读和线上线下读书会等更多方式，满足不同场景的读者体验。

关注微信公众号"**海派阅读**"，随时了解更多更全的图书及活动资讯，获取更多优惠惊喜。你还可以将阅读需求和建议告诉我们，认识更多志同道合的书友。让派酱陪伴读者们一起成长。

✖ 微信搜一搜　🔍 海派阅读

了解更多图书资讯，请扫描封底下方二维码，加入"中资书院"。

也可以通过以下方式与我们取得联系：

📞 采购热线：18926056206 / 18926056062　　📞 服务热线：0755-25970306

✉ 投稿请至：szmiss@126.com　　　　　　　　◎ 新浪微博：中资海派图书

更 多 精 彩 请 访 问 中 资 海 派 官 网　　(www.hpbook.com.cn ▸)